日本の環境哲学

ある旅行者の備忘録

JN037816

ザイニ・ウジャン

前書き
駐マレーシア特命全権大使　宮川眞喜雄　博士

日本の環境哲学

ある旅行者の備忘録

翻訳者
河村好美

ITBM
Institut Terjemahan & Buku Malaysia
Malaysian Institute of Translation & Books

公益社団法人 日本マレーシア協会

Kuala Lumpur
2021

This book 日本の環境哲学　ある旅行者の備忘録 is a correct translation of the book Japanese Ecosophy: A Traveller's Notes previously published by Institut Terjemahan & Buku Malaysia Berhad.

Jointly Published by:

INSTITUT TERJEMAHAN & BUKU MALAYSIA BERHAD
Wisma ITBM, No. 2, Jalan 2/27E
Seksyen 10, Wangsa Maju
53300 Kuala Lumpur
Malaysia
Tel.: +603-4145 1800   Fax: +603-4142 0753
E-mail: publishing@itbm.com.my   Website: www.itbm.com.my

AND

JAPAN - MALAYSIA ASSOCIATION
1-1-1, Hirakawacho
Chiyoda-ku, Tokyo
Japan 102-0093
Tel.: +813-3263-0048   Fax: +813-3263-0049
Website: www.jma-wawasan.com

First Publication 2021
Translation and Publication © Institut Terjemahan & Buku Malaysia Berhad and Japan – Malaysia Association
Text and photo © Zaini Ujang

National Library of Malaysia   Cataloguing-in-Publication Data

Zaini Ujang, 1965-
    Japanese ecosophy: a traveller's notes / Zaini Ujang; translator Yoshimi Kawamura
    ISBN 978-967-460-824-8
    1. Travellers' writings, Malaysian.
    2. Travel writing–Japan.
    3. Japan–Description and travel.
    I. Title.
    910.4

Editors: Motoo Utsumi, Naoko Kaida and Masa Goto
Graphic: pngtree.com and 123rf.com
Caricature illustration: Kaede Ito

Printed in Malaysia by:
Legasi Press Sdn. Bhd.
No. 17A, Jalan Helang Sewah
Taman Kepong Baru
52100 Kepong
Kuala Lumpur.

マレーシア・日本国際工科院（MJIIT）の設立関係者、
パートナー、支援者、そして同僚に本書を捧げます

「三人寄れば文殊の知恵」

目次

前書き

宮川眞喜雄博士
駐マレーシア特命全権大使

こ の本は、日本の社会が長い年月をかけて培ってきた日本の精神文化、日本人の世界観に深く根付く美的感性、そしてマレーシアの知識人の目を通して観る日本の心、を読者に伝えようとするものです。

　著者であるザイニ・ウジャン博士は学者として素晴らしい経歴を持ち、特に環境工学および環境持続性の分野において秀でていらっしゃいます。これまでもマレーシア工科大学（UTM）の副学長、高等教育省およびエネルギー・グリーンテクノロジー・水資源省の事務次官等数々の重要な職位を務められました。

　ザイニ博士は、マレーシア及びイギリスにて高等教育を終えました。その後、30年以上にわたり、研究や学術プログラムを通して同僚から学び、日本に関する知識や経験を潤沢に会得しました。1986年に設立された、21世紀を目指すルックイーストポリシー及びフレンドシッププログラムの卒業生として、ザイニ博士は日本から学ぶために、インスピレーション、思考、情熱的に実践しながら研究してこられました。そのようにして今日の彼自身および学者としての土台を築き文書として形を成したのです。彼の言葉に「百聞は一見にしかず」がありますが、これは日本を訪問した後の彼の基本的姿勢となっているのです。

　この好機にザイニ博士の本が出版されます。数か月前に90歳代のマレーシアの元首相マハティール・ムハマド氏が、昨年5月に行われた総選挙において見事な勝利を得たばかりです。このマハティール氏こそ、ルックイーストポリシー（東方政策）を立案し推進した人です。

　ルックイーストポリシーは、マレーシアからアジア、中近東、南アメリカ、そして世界中の開発途上の国々に強力なメッセージを発信続けてきました。マハティール氏は、数年前の世界経済フォーラムにて「日本を除いて、東アジアの近代化モデルはないと思う。日本は近代化を正しくやり遂げた国の証となった」という旨の発言をなさいました。単に西欧諸国を目指すのではなく、近代化・工業化の良き見本として、1980年代よりマレーシアの若者にとって、日本は目指す国となっていたのです。

　日本のことを勉強している間、ザイニ博士は日本に住み、日本の生活文化に浸り、日本の価値を学びながら、日本人は自然と調和した生活様式を大事にしていることを発見しました。日本人は自然の一部として存在するということを自覚することに喜びと心地よさを感じているのです。日本人の情感は自然破壊に抵抗し、また人工的な改造をも否定します。

　ザイニ博士は、彼自身の言葉で次のように表現しています。「日本の生活様式は『緑』であり、自然保護の想いと同調している」。熟慮、読書、話し合い、学び、訪問、探求を通して、日本のエコソフィは理解できるものであり、「神」、「改善」、「生きがい」、「和」および「もったいない」精神と重複しながらも日本の精神を彼自身の言葉で表現しています。

　環境哲学に関する他の書籍とは異なり、本書は旅行者の視点に立ったザイニ博士自身の備忘録というスタイルをとっています。彼のジャーナリズムの才能は、アカデミックな才能と相まって、UTMで修士課程の学生でありながらマレーシアの全国紙の正式な記者として活躍していた数10年前から証明されています。21世紀のためのフレンドシッププログラムにより1986年に日本を訪問した経験について新聞に文章を発表しています。

　最も若くしてUTMの第5代副学長に就任していた期間である2011年に、ザイニ氏は2011年マレーシア・日本国際工科院（MJIIT）設立するために設立チームを率いて日本におもむき、関係各組織と話合いを持ちました。日本文化への彼の熱い想いがなければ、MJIITは単に夢のままで終わっていたかも知れれません。日本とマレーシア2国間の重要な布石となるため、MJIITのプロジェクトを強く推し進めたのは彼の日本文化とその近代化への強い思い入れに他なりません。このような理由から、ザイニ博士はこの本をMJIITの創立に関わった方々、パートナー、支援者そして彼の同僚に捧げています。

　最後になりますが、多くの読者がこの本から彼の魅力あふれる英知など多くのことを学びますよう心から祈りつつ、この本の完成を祝います。

Japanese Ecosophy (January 2019) Forewordより

はじめに

これは, 日本における環境哲学(エコソフィ)に関する私の理解を元にした、一人の旅行者の備忘録です。様々な参考文献や学術的な理論を多く掲載した哲学書ではありません。私自身、哲学者でも、日本学の学者でもありません。30年以上も前、私が熱い志をもった学生として、学ぶことに情熱を傾けていた時代以来、何度も訪れた日本において遭遇した出来事、考え方、見方、場所について語ってきた内容を集めたものです。日本人の自然、環境、生態系、また環境の持続可能性に関する価値の体系について本を読み、実体験を通して理解した内容です。また訪れた素晴らしい場所の数々も紹介しています。そのような場所で私は日本人の考え方、文化、心構え、行動や慣習、更に工業デザインへの哲学的概念、特に持続可能性と低炭素社会を目指すためのモデル的方法など、私の認識と理解は大きく変わりました。

工学部の学生として、また環境管理に関する熱心な推進者として、私は環境に関する哲学やデザインにおける日本の考え方に感銘しました。東京大学、京都大学、筑波大学、北海道大学、大阪大学、九州大学、早稲田大学、明治大学、立命館大学、東海大学、芝浦工業大学、中央大学やその他の大学の仲間、またエンジニアの仲間に出会い、環境の持続可能性と法の遵守が概念のデザインを作り上げる際に最も重要であるということに気が付いたのです。例えばですが、彼らは下水処理場の設計をする際、廃水を回収、再処理し、再利用することまで考えて設計します。このような考え方は1990年代の初期にまでさかのぼることができます。そして彼らは常に改善を目指します。それも単に環境基準の変更に合わせて改善するというのではなく、改善という考え方に沿い、法的基準ではなく、更に高いレベルの改善向上を目指すのです。

以前、「エコシフト:環境の持続可能性に向けての変革」という本を執筆している最中に日本のエコソフィという着想を得ました。エコシフトというのは過激な環境変化を意味し、環境の持続可能性に関して積極的な貢献をなす考え方、決断、実践および個人のライフスタイルにおいて変革をもたらすものです。地域は組織において、エコシフトは環境の持続可能性に関する哲学、政策、戦

略、統治、決断、財務、技術力、標準的運営手順や実践において、全体的な変革を目指します。エコシフトは、国家全体の政策、組織戦略、個人のライフスタイルや文化的変化において、大きな変化を促すような考え方や枠組みの決定における変革から始まります。

　マレーシアの大学や行政などの多様な組織における30年以上の経験、また国際的な交渉会議、委員会、フォーラムへの参加などを基に、環境の持続可能性をもたらす素晴らしい文化、組織の一人ひとりが作り上げる明確な方向性が必要であると私は確信しています。その方向性はすでに、日本や北欧の国々、スイスなどの工業国ではすでに生まれており、特にエコシフトのフレームワークとして組織と個人が調和した所で形成されつつあります。

　エコシフトに関する限り、環境の持続可能性に関するイニシアティブやプロジェクト運営には、2つの大きな目的があります。1つは、アウトプットと言われる短期的な計画、そしてもう1つはアウトカムと言われる長期的な計画です。政府機関や民間組織の主な目標は、インプットとアウトプットの4分割になっています。ここでいうインプットというのは準備段階や初期展開のことで、プロポーザルの準備、関連する上司や法務関連からのサポートを受け枠組みを作るための交渉、必要であれば法規や規制条文の改正、を意味します。

　アウトプットは組織の業績に関することで、プロジェクトを予定通りに完了し、使途に応じて資金を使い、エンドユーザーにプロジェクトをきちんと届けるために、融資資金の獲得、働き手の確保、入札後作業の提供というようなKPI（主要業績指標）の年間及び中期的目標にあたります。更に、特定の統治機関のアウトプットというのは、一般市民への啓蒙、モニタリング、現場訪問、苦情対応、違反者に対する行為、検挙などです。従って甚大な元手、時間、充分な資金、信頼のおける能力のある職員などです。しばしばインプットとアウトプットに重点を置きすぎて、プロジェクトの価値やその後のプロジェクトから受ける恩恵への理解と関心を高めるために必要なエンドユーザーやそのプロジェクトに関係する多くの人々の関与への注意が希薄になったり、時には無視をしてしまうことがあります。

　ここで大切なのは、プロジェクトのイニシアティブ、もしくはプロジェクトそのものの財政分析の内容が社会・地域・国にとって意味のある変化をもたらすアウ

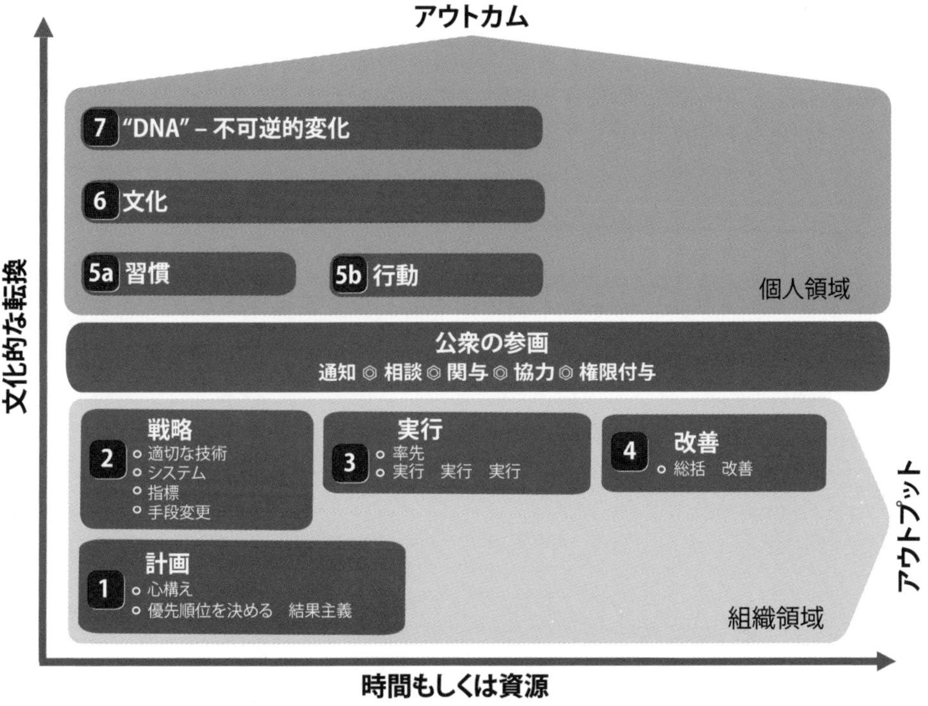

アウトカム

文化的な転換

7 "DNA" – 不可逆的変化

6 文化

5a 習慣　　　　**5b** 行動

個人領域

公衆の参画
通知 ◎ 相談 ◎ 関与 ◎ 協力 ◎ 権限付与

2 戦略
　○ 適切な技術
　○ システム
　○ 指標
　○ 手段変更

3 実行
　○ 牽先
　○ 実行　実行　実行

4 改善
　○ 総括　改善

アウトプット

1 計画
　○ 心構え
　○ 優先順位を決める　結果主義

組織領域

時間もしくは資源

エコシフト概念

トプットに基づいていることです。意味のある変化は、持続可能なライフスタイルや循環型経済の促進や、改善を継続する文化や変革を刺激します。そのような文化の育成は簡単ではありません。ただし、エンドユーザーや多くの人々が、洪水の回避、下水処理施設やゴミ焼却炉の集中化、ゴミのリサイクリング活動、グリーンエネルギー、効率的な公共交通機関、自転車用、ウォーキング用の専用通路、河川の回復作業などの環境プロジェクトを理解・支援し、そのプロジェクトから十分な恩恵を享受できるのであれば可能でしょう。

エコシフトを始めるには、まずインプット−アウトプット、そしてアウトカム−フォーカスの4区分を上手に牽引していく能力が必要です。インプットやアウトプットを強調しすぎると、社会・地域・国に対して意味のある文化的変化をもたらすことはできないでしょう。大切な資金人材、時間等の元手を無駄に使ってしまうか

もしれません。しかしながら、アウトカムというのは文化的な領域ですから時間がかかります。それはエンドユーザーや多くの関係者の自己変革の力に依るものだからです。従って、エコシフトに取りかかる際、「エコシフト：環境の持続可能性に向けての変革」で書いているように、インプット－アウトプット及びアウトカム－フォーカスの間でうまくバランスをとる能力が必要なのです。もしインプット－フォーカスに無意識に捕らわれるようなことになれば、膨大な文書類と無意味なスローガン以外何も生まれないでしょう。

　エコシフトに取りかかるためには、まずエコシフトの枠組みが2つ（それは、環境政策と環境哲学（エコソフィ）[1]があり、それが一部重複していることを理解する必要があります。環境政策には、全国的かつ組織的な範疇の2つがあります。この政策は多様なレベルで提案検討されており、地方行政および中央行政の政策の一部となってきました。この部分は、4分割の1つのインプットを形成しています。また環境政策に基づいて、公的機関や民間組織が、アウトプットを形成するために必要な役割を果たしています。アウトカムというのは、社会・地域・国家の一般市民にとって、インプットとアウトプット両方の結果なのです。まさにこの点

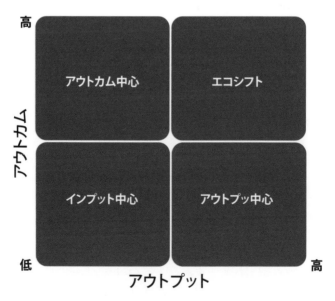

環境政策と環境哲学（エコソフィ）

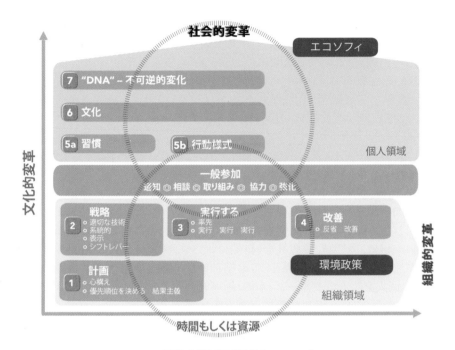

環境政策と環境哲学（エコソフィ）

において、エコソフィがその理解の核となり、グリーン・ライフスタイルや循環型経済へと向かう変化を推し進めるのです。

　この本は、日本のエコソフィについて述べている本です。私は自然、環境主義、緑化運動における日本人の考え方やライフスタイルの特徴、それを構成する要素について理解しようとしてきました。しかし、この本は「ある旅行者の備忘録」という副題をもち、私がこれまで取り組んできた考察であるのでカジュアルで個人的思考となり、独断的な判断があり、非哲学的な内容となっています。「ある旅行者の備忘録」として、ものがたり的な口調、会話、記事、映画、テレビドラマや小噺など日本の価値、心構え、慣習、気質や文化など環境の持続可能性について旅行者の視点から述べています。

　もちろん、日本の環境哲学や環境倫理など、最近出版された多くの学術的な論文や書籍もあります。例えば、Kagawa-Fox[2] などは捕鯨、原発、森林に関する

内容を記した環境倫理に焦点をあてた博士論文です。また最新の文献には、日本の環境哲学、比較哲学、環境倫理、環境美学、宗教の研究、環境および動物に関する倫理、日本の環境に関する法律や政策、日本の哲学と宗教、世界の気候変動、福島原発の災害などに言及した学術的記事の集積本等があります。その中で、私の本は随筆的でどちらかというとジャーナリズムに近い性格を帯びています。ある意味、旅行日記とも言えるものです。

　日本のエコソフィには、「改善」、「和」、「神」、「もったいない」精神、「生きがい」の5つの柱があると言えます。
　「改善」は、環境基準 / 法律遵守 / 実践や貢献などをふくめ、個人・地域そして専門的な分野において、多岐にわたり継続する改善向上活動なのです。
　「和」もしくは英語では文字通り「調和」という考え方は、三つの側面があります。1つ目は、専門職、一般社会、自然において調和のとれた平和的な対人関係のことです。2つ目は、組織としての精神や関心事との整合、3つは優先する順位が個人を超えて、グループ・家族・地域社会および自然に置かれていることです。多くの方面で、「和」は環境保護、節水、省エネ、低炭素社会などを含む、環境の持続可能性の枠組みとして日本社会で機能しています。
　「神」の意識は、高次元に在る「神々」という見えない存在に見守られているという無意識的な感覚に近いものです。神道において、「神」は神的および悪魔的性格を併せ持つ、自然的要素なのです。従って、自然と調和するためには、「神」の在り様を意識するのです。
　また、「もったいない」精神は、生活資源のあらゆるものにおいて価値を見出す心の持ちようとライフスタイルのことです。
　「無駄にしない、無駄を作らない、無駄はない」これはグリーン・ライフスタイルや循環型社会を築き管理するためには、最も実践的な方法でしょう。
　「生きがい」とは、人が情熱、理念、得意なこと、職業を合わせ持つことで、より人間として生きる理由なのです。門職、一般社会、自然において調和のとれた平和的な対人関係のことです。2つ目は、組織として日本の環境哲学に従い実践することで、環境の持続可能性と幸福感が生まれます。

　環境の持続可能性は、環境の耐性を強化し、生態環境におけるフットプリントを最小にし、グリーンエコシステムを構築し、廃棄物の浄化とすみわたる大気を実現することで可能になります。そして豊かで幸福な社会へと導いてくれるでしょう。日本では新しいイニシアチブが生まれ、あらゆる場面において社会的な豊さと幸福を促進しています。例えば、2012年9月、22の地方行政組織が「幸福の

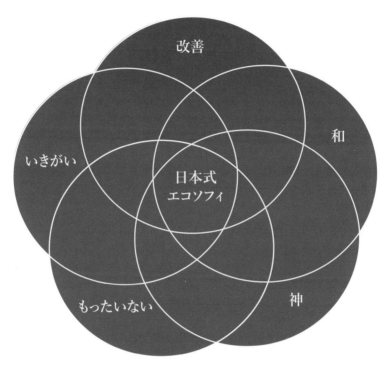

改善：継続的改善
和：調和
神：無意識の意識、神
もったいない：無駄にしない
生きがい：存在理由

日本の環境哲学の概念

指標」に取り組み始めました。これは、これまでの経済指標を超えた一般社会の幸福度を強化・促進・計測するものです。

　2018年11月、私のサバティカル（研究）休暇を支えて下さった筑波大学の担当者の方々に心からの感謝を申し上げます。筑波大学長永田恭介先生には、私を客員教授として迎え入れてくださり、特に感謝申し上げます。そして、筑波大学大学院生命環境科学研究科の仲間、中でも浅沼順教授、辻村真貴教授、鈴木石根教授、甲斐田直子准教授、内海真生准教授、清水和哉准教授にも特別な感謝の意を捧げます。そして、枝廣淳子氏、松井三郎京都大学名誉教授、松下潤芝浦工業大学名誉教授、白岩善博筑波大学名誉教授、宮代知直博士、加藤重治氏、大葉満寿夫氏、木村武史教授、谷口守教授、Mr. Tetsuo Tatsunoら

との議論を通じて日本のエコソフィに関する思いや考え方を共有でき、自分なりの概念を築くことができました。感謝申し上げます。

　さらに、アブドル・ワハブ・ヤシン氏（元内務省副事務次官）が、1986年の日本訪問の際に私を指導してくださったことに心から感謝申し上げます。

　マレーシア・日本国際工科院（MJIIT）の同僚、中でも杉浦則夫筑波大学名誉教授・MJIIT副院長、後藤雅史教授は、日本のエコソフィ、ライフスタイル、慣習、規範、実践そして用語などに関し、常に貴重なアドバイスや示唆をくださり感謝します。私の素敵なイラストを提供してくれた筑波大学の伊藤楓さんにも感謝します。最後に Mohd Khair Ngadiron氏の率いる本書のチーム、Zinitulniza氏、Abdul Kadir 氏、そしてZahari Mahmud氏およびITBMのチームにも感謝します。

　宮川眞喜雄日本大使は、小書に関心を持ってくださり、快く前書きの筆をとってくださいました。改めて感謝申し上げます。宮川大使のお言葉は、小書にとって大きな意味を持ちます。

　そして、私の家族。妻のZainahには特に感謝しています。私がこれまで著作活動を続けられたのは、数週間から数か月の孵化と成長する時間を与えてくれる、私の執筆活動への深い理解があったからにほかなりません。この本を完成するにあたり、私は生産的な環境を求め、4週間ほど海外で過ごしました。ですから、この執筆が環境の持続可能性と幸福感へと、私の家族が成長する貴重なきっかけとなることを願っています。

ザイニ・ウジャン
つくばにて / 2018年11月28日

第一章

「節目」

人生における重要な転換期

「自然の美しさを経験することで自らを学ぶ」
日本の諺

21歳の時、マレーシアのルックイーストポリシーの元、21世紀に向けたフレンドシッププログラムの一環で初めて日本を訪れる素晴らしい機会をもらいました。実際、私はこの時が生まれて初めて海外に行く機会だったのです。本当に素晴らしい出来事でした。

　自動車、ウォークマン・ウルトラマン・ジャイアントロボ・森田昭夫などに象徴される、最新技術を駆使した工業製品などで高い評価を勝ち得た国を訪問できる機会というのは、夢が現実したと言うしかありません。私のような若者が、あの「おしん」の国を訪問するなど、想像を超える興奮を覚えました。当時、マレーシアの若者は、1983年4月から1984年3月に日本で放映されたNHKのテレビドラマ「おしん」を見ており、そのドラマに心酔していたのです。それは女性の物語で、明治時代から1980年代初期までの「おしん」という女性の一生を描いた物語です。このテレビドラマは日本で最も視聴された連続ドラマでした。1984年にシンガポールで放映が始まり、その後1986年にマレーシア、最近では2018年9月に、インドネシアのTVR1でインドネシア語に直した「おしん」の再放送が始まりました。

　その当時、マレーシア人の心には日本人は「おしん」のように働き者で、献身的、女性らしく丁寧な性質に溢れていると映り、称賛していました。おしんはある意味、毎日の生活の中での様々な辛い出来事に対し諦めることなく我慢強い近代日本人の象徴でもあったのです。彼女は、さまざまな困難に遭遇しながらも果敢に前に進み続けたのです。テレビでこのような連続ドラマを見続けていると、おしんの人柄が好ましく思え、日本だけでなくマレーシア、インドネシアやほかの国々でも称賛され評価されていました[1]。

　そして、近づきつつある日本への訪問について私の親友に語った時、その友達は、日本に行ったら「おしん」をぜひ見つけてくれと興奮気味に頼んできました。もし日本で「おしん」のような人に会えたらラッキーかもしれません。

　ルックイーストポリシーは、1981年、マレーシアの第4代首相のマハティール・ムハマドが就任数か月後に提唱しました。マハティール氏は、2018年に再度第7代マレーシア首相に就任されています。彼の就任時の目的は、近隣諸国の勤勉な労働文化や技術的成長を手本にし、マレーシアに根付かせることでした。マハティール首相によると、知識や先端技術を習得するだけではマレーシアのような発展途上国の成長の助けにはならない、と言っています。知識や技術は、良い人格と精神性、倫理観を伴う必要があります。ルックイーストポリシーの目的は、これまで特にイギリスなどの西欧を目指していた方向性を、東の方角、特に日本や韓国・台湾へ転換することにありました。マハティール首相はこの方針を大胆に推し進めました。マレーシア人に日本人のような労働文化や勤労精神を身に付けてほしいと思い、更に日本の政策の成功例、例えば社内組合制度、総合商社などを学ぶよう指示しました。彼は、アジアの価値を作り上げるにあたり、マレーシアがより早く成長するには日本の文化から学ぶことが最善であると考えたのです。

　私たちの日本訪問は、1984年に中曽根康弘首相の指示の元、「21世紀に向けたフレンドシッププログラム」として日本国際協力機構（JICA）が支援してくれました。このプログラムには、他のアセアン諸国─シンガポール、インドネシア、フィリピン、ブルネイ王国、タイ国─などの参加もありました。

　この時の日本訪問には3つの目的がありました。まず早稲田大学の日本人教授の講義に出席し、日本を基本的に理解することから始まりました。2番目として、代表的な工場・大学・学校・博物館、歴史的な場所等を訪れることでした。最後に、日本のライフスタイルや文化を体験し理解するために、数日間をホストファミリーと過ごすことでした。1986年8月24日から9月23日までの全プログラムは、東京・京都・大阪・広島そして最後に松山でのホームステイを加え、本当に良く計画されていました。

私たちはまず、うず高く積まれた本を渡され読むように言われました。また重要な言葉が書かれたリストを渡され、その言葉と意味をしっかり覚えるようにとも言われました。これは日本で生活するために必要な言葉のリストで覚える必要がありました。特に日本人の家族と過ごすときに必ず必要になるから、と言われました。そして、更に日本語を学ぶことを勧められました。というのは、私たちを受け入れてくれるホストファミリーはまったく英語が話せない、ということだからです。(説明というよりは、言い渡されたという感じです)

　マレーシア工科大学(UTM)が候補者を選んだ際、私は学生リーダーの1人として選ばれました。ちょうどその時、私は化学工学部学士課程の最終年度を迎えていました。候補者は、リーダーシップや他キャンパス内の活動に積極的に参加しているかどうかで選ばれました。学生グループリーダーの候補者が決まった後、マレーシア公共サービス局(PSD)が行う面接がありました。面接が良かったのか、幸運にも私が選ばれたのです。学生リーダーである私たちにとって、この訪問プログラムは、私たちの先進国に対する考え方や構想の枠を広げるように組まれていたのでした。急速な発展を遂げようとしている国であるマレーシアは模範となるモデルを必要としており、また、教育や福祉など国として成長するための社会的分野においても近代化に向かう必要があったのです。更に、この訪問には、21世紀を担うマレーシアと日本の若者の間の関係を築き強めることも意図されていました。

　出発に先立ち、マレーシアの国立大学から25名、各種公共機関から25名が日本の文化や言葉を学ぶために1週間の準備コースに参加しました。この準備コースは、マレーシアと日本の指導者により成功裡に行われました。コースでは、日本のライフスタイルや作法、言葉などエチケットに関する集中講義がありました。そこで教えてくれたマレーシアの指導者は、上級の学生であり、公務員であり、日本に関する幅広い知識をもっていたことから私は驚き敬いました。中でも、故アブドラ・ラザック・ハミド先生は今でもよく覚えています。彼の伝記には"Debu Hiroshima"いう言葉があります（マレー語の直訳では、広島の塵という意味です）。伝記には、1945年、壊滅的な原子爆弾が投下された悲劇的な広島での経験が語られています。

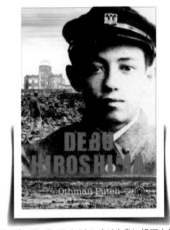

　講義では、ラザック先生が、日本の文化・エチケットや生活の仕方について、貴重な意見やアドバイスをくださいました。また、面白いところは機智に富んだラザック先生自身で、講義中に日本人とマレーシア人の違いや文化的な違いをいろいろ例で紹介してくれました。ラザック先生によると、例えば日本では、温泉[2]は日本の文化の一部であり、健康や文化的に重要な価値を持っているとのことでした。この訪問プログラムの間に私たちは松山市で1週間過ごす機会があり、日本で一番古い温泉を楽しみました。日本の公衆浴場や温泉では皆、裸になるのが普通です。恥ずかしいことはありません。裸にならないほうが恥ずかしいのです。

1945年8月6日、アメリカにより広島に投下された原子爆弾を経験した日本におけるアブドル・ラザク・ハミド氏の伝記

　ラザック先生の話では、日本は、チームワークや同調性・忠誠・地域の福祉などに高い価値を置く、他に類をみない国ということでした。日本の各種産業分野における急速な成長を推し進めたのは、人々の資質、彼らの価値観、徳やライフスタイルであると言えます。

　この1週間の準備コースの期間中に私の「節目」－人生における重要な転換期－が始まりました。私は日本に触れて、日本を学び、私自身の後半人生において日本の社会に踏み込みたい、という強い気持ちが生まれました。一般的に、日本人は勉学・読書・時間厳守・忠誠・信頼・勤労・贈り物や徳に高い価値を置くと教えられました。徳というのは、慎ましさ(謙譲)、他人への共感(情)、義務感(義理)[3]を併せ持った気質です。忠誠というのは、チームワークや共同の精神に基づいています。日本では、終身雇用が普通であり、そのお返しとして従業員は雇用者に対して忠誠を誓います。

　当時、日本の重要な考え方や言葉を数多く覚えるのが大変でした。私は辞書を使うこともできませんでした。というのは、日本語の鍵となる言語である漢字を勉強していなかったからです。いろいろ異なった音節がある日本語を学ぶのは大変難しいのです。日本語の文書には、カタカナ・ひらがな・漢字が使われ、時にはラテン文字を使うローマ字というのもあります。カタカナとひらがなの両方は仮名文字というものです。日本に滞在中、私は重要な言葉や言い回しを全て頭で覚えなければなりませんでした。

　武士道(侍の生き方)、改善(向上の継続)、集団意識(グループ意識)、先輩－後輩(年功序列)など普通の考え方は、クラスの中で簡単に学び、日本の指導者との食事の際などに気軽に話しあうことができました。また大学教授や学生等日本人の多くは日本語だけで会話をし、日本で外国人学生に会う場合でも、英語など他の言語を話すことはほとんどしません。実際、日本人は母国語を誇りに思っていて、主な外国からの文献等はほとんど日本語に訳されています。

　日本の社会、文化そして文献への関わりが未熟だった頃、私たちの指導者やグループメンバーと話をしている時になかなか理解できなかった日本の考え方が3つあります。それは「甘え」「縮み志向」「茶道」でした。

　「甘え」というのは、日本人の中にある個人レベルでの依存気質のことを言います。これは日本独特の心理的な傾倒依存で、上位の者に対し訴え依存することにより、心理的な満足を模索することです。この気質は、個人の性格を抑える代わりに年長者が率いるグループの忠誠を得るというものです。精神的な安定はグループの目的達成のために、自らを捧げることで得られるのです [4]。

　「縮み志向」というのは、日本独特の気質で、構造物から製品に至るまでいろいろな物を縮小してしまう傾向のことです。このようにあらゆるモノを小さくし、縮小することに価値を置く心理的構造を、理解も評価もできないでいました。この志向ゆえ、日本人は携行式の電気機器や小型住居、箱型オフィスなどを作り出しました。また日本人は「盆栽」と呼ぶ小さな庭や、「弁当」という小さくてユニークかつ美しいお昼ご飯を生み出しました。

　「茶道」もまた、高次元の文化的儀式であり、また仏教禅の美意識の一部を構成していると言われています。千利休（1522–1591）は、茶の湯、日本の茶道、特に侘び茶で最も有名な人物です。利休は、茶道という儀式を仏教禅に深く根差した哲学的背景や配置において詳細に作り上げ、彼自身の美に向かう情熱を通して完成させました。まず、素晴らしい筆跡の掛け軸からはじまり、日本庭園を散策し、懐石料理と呼ばれる食事をとります。それから、畳が敷かれ、最小限の家具があり、宇宙の一角を示唆していると言われる小さな茶屋に入ります。日本人にとって「茶道」は、精神の養育に欠かせない平和の芸術なのです [5]。

えいご

英語	English
いち	one
に	two
さん	three
いい	good
すごい	amazing
うれしい	happy
ありがとうございます	thank you
すみません	excuse me
ごめんなさい	sorry
いただきます	bon apetite
おはようございます	good morning
こんにちは	good afternoon
こんばんは	good evening
さよなら	goodbye
おやすみなさい	good night
名前はザイニです	my name is Zaini
マレーシア工科大学	Universiti Teknologi Malaysia
ペコペコです	I am hungry
トイレ	toilet
おむすび	rice balls
豚肉はたべません	no pork
お寿司がいいです	I prefer sushi
肉はいりません	I don't want meat

日本の環境哲学：ある旅行者の備忘録

「茶道」に対する日本人の考えは、多くの外国人に誤解されています。お茶とその儀式、および文化は、単にお茶を飲むとか、西洋風のティーパーティーとは違います。「茶道」のことは、1906年にニューヨークで出版された岡倉覚三（天心）の英語の著書「茶の本」に書かれています。この本は、西欧の読者向けに茶道の役割について日本人の文化的および美的側面から書かれたものです。またこの本は、簡素が基本的原理の1つである「禅」や「道教」にみられる伝統にも言及しています。また、茶道を取り巻く状況や、後の芸術や建築に関連する日本の心までも説明しています。岡倉の言う「茶道」は、相対する当事者がともに座り、問題解決にあたる「平和協議」のための万能薬でもあり得ます[6]。

当時の準備コースプログラムを思い出してみると、私たちは皆一緒にクアラルンプールの普通のユースホステルに住み込んでいました。その理由は、基本的な日本のライフスタイル、例えば時間を守るとか、集団行動のなどを学ぶように意図されていたのでしょう。授業やディスカッションはなかなか終わらず、夜遅くまでかかったこともありました。私たちはまず、うず高く積まれた本を渡され読むように言われました。また重要な言葉が書かれたリストを渡され、その言葉と意味をしっかり覚えるようにとも言われました。これは日本で生活するために必要な言葉のリストで、覚える必要がありました。特に日本人の家族と過ごすときに必ず必要になるから、とも言われました。そして、更に日本語を学ぶことを勧められました。というのは、私たちを受け入れてくれるホストファミリーはまったく英語が話せない、ということだからです（説明というよりは、言い渡されたという感じです）。

私たちはほとんど毎日、マレーの食事を食べていましたが、時々、寿司や天ぷら、そして日本のお茶もあり、日本の食事に慣れていきました。寿司と刺身は、基本的に生のシーフードで、私たちにとってはどちらも同じ食べ物でした。しかし、後になってこの2つの食べ物は全く違うといことを教えられました。寿司は発酵米を使った料理で、生の魚は日本の伝統的な刺身です。寿司の多くは、調理したシーフードを使っており、刺身は全く火をとおしていないと教わりました[7]。

　参加者全員−学生リーダー達は皆な活発に参加し、話好きでした。私たちはいろいろなことを一緒にやってきました。できるかぎり日本人のように行動してみました。また日本で人に会うときにする挨拶というものに慣れておくために、お互いでお辞儀の練習もしました。お辞儀ですが、頭を下げる角度は会釈から深々と下げるまでとあり、2人の関係性によると教わりました。相手の地位が高いほど深くお辞儀をするのです！また、簡単な日本語のフレーズを覚えようとして、あまり良いフレーズを覚えられずお互いに笑いあったりしました。1週間後、私たちは仲良くなり、集団意識−日本風にチームを意識すること−を感じるようになりました。このようにして、日本へ行く準備をしていました。マラヤ大学の若い講師だったハムダンが、チームリーダーに選ばれました。彼は私たちの先輩で、最年長で経験も豊富でした。彼の後輩である私は副リーダーになりました。

　日本側の担当者の服装に合わせるようにということで、参加者全員、黒っぽいスーツを購入するよう言われました。スーツはマレーシアの主催者が購入してくれました。日本での行事にきちんとした格好で出席することも含め、日本の勤労文化はとてもフォーマルであると教えられました。一般に日本のサラリーマン[8]は、西洋スタイルで、濃い色のスーツに白いシャツ、柔らかい色合いのネクタイを身に付けるようです。この時、私は初めてスーツと濃紺のスラックス、白いシャツ、青色のネクタイを買いました。

　準備コースがある週の日程はとても厳しく時間厳守するよう言われました。1980年代の多くのマレーシア人にとって、時間厳守というのは未体験のことでした。公式行事やその他の場合でも、30分ほど遅れても時間通りとして受け入れられていました。そういうこともあり、私たちは何度も「日本人は時間に厳しく、数秒間でも貴重な時間と考えている」と言われました。私のやることリストには、日本でデジタル時計を買うことを1番目に置き、その下に日本社会、日本文化の変革に関する書籍を購入することが続きました。

　プログラム中の休憩時間や一緒に食事をしている間も、仲間といろいろなことを話しました。その話題とは、マレーシアのルックイーストポリシー、日本はアジアの工業国、日本人のライフスタイル、一般日本人に関することなどでした。私たちは、日本の奇跡的経済

私自身、第2次世界大戦後、日本は壊滅的な状態からどのようにして急速に回復できたのか?を自ら考え、友人にも聞きました。日本はどのようにして、戦後30年間で消耗品や自動車の世界市場を圧倒するまでになったのか?日本の労働者は、西欧諸国の労働者に比べて低い賃金でなぜあのように身を粉にして働くことができたのか?

発展の秘密を明らかにしようとしたのです。当時、日本はハイテク製品の品質、市場への進出、統治制度、効率、教育の質、低い犯罪率、効率的なエネルギー政策、そして効率的な公害の管理体制などにおいて世界で最も成長する力を持った国と考えられていました。私たちは、1979年に出版された、ハーバード大学教授Ezra Vogel が書いた「ジャパン アズ ナンバーワン」という本[9]を必ず読むように言われました。しかしながら、日本へ出発する前に、その本を手に入れ読むまでには至りませんでした。私自身、第2次世界大戦後、日本は壊滅的な状態からどのようにして急速に回復できたのか?を自ら考え、友人にも聞きました。日本はどのようにして、戦後30年間で消耗品や自動車の世界市場を圧倒するま

でになったのか?日本の労働者は、西欧諸国の労働者に比べても低い賃金で、なぜあのように身を粉にして働くことができたのか?

　また、日本全体がどのように構築され、素晴らしく整い、とても清浄な状態になれたのか?有害化学物質や原子力を使いながら、日本企業はどのようにして、公害を減らすことができたのか?日本ではどのようにして環境への配慮がこれまでにない速さで等しく拡大できたのか?なぜ日本人は環境に価値を見出し、彼らのライフスタイルの一部として、環境回復活動に熱心に参加するのか?

　そして、この「おしん」の国から私は何を発見し、何を学ぶのか?

第二章

「百聞は一見にしかず」
体験的学習

「大切なことは知ることではなく行うことである」

日本の諺

(何が正しいかを知ることは大切ですが、行動することの方がより大切です)

1986年8月24日から9月23日までの日本訪問は、私にとって思い出深い素晴らしい体験でした。外国の地を訪問して私自身の視野が大きく広がったようで、私の思考方法、ものの見方、労働倫理など、私自身のライフスタイルに大きな影響を与えました。田舎の青年が、伝統的な面だけでなく、洗練された現代的な側面、それはまさしく工業化、市街地化、近代化を達成した日本の文化について、体験を通して学ぶ－「百聞は一見にしかず」－ことができる本当に稀有な機会でした。

「節目」は本当に－人生において重要な転換点－です。時は過ぎ、人は変化し、山あり谷あり、挑戦、苦難などの流れにそって変わります。良くも悪くも竹の節目のように、人生には出発点と到着点があります。

この日本訪問は、私にとって初めての外国訪問であり、日本の人々やプログラム担当者の方々と学び、友好関係を築くことで、ネットワークの裾野が大きく広がりました。またこの訪問において、私は日本人独特の気質、国そのものへの影響、エコシステムに関する貴重な観察や、私なりの未熟な結論に到達する機会を得ることができたのです。また、もう1つ重要な点として、1986年の時点で、日本は工業発展においてスーパーパワーを持ち、技術・経済・社会発展においては既にアメリカと肩を並べるほどの国であったことです。当時、アメリカを凌ぐほどの勢いを持つ日本は、世界フォーラムや政治から科学にいたる知識人の間でよく議題に上がっていました。

当時の私は、活発な学生であったことに加え、偶然にもマレーシアの新聞数社に向けて、キャンパスライフ、教育や環境に関する記事を定期的に寄稿していました。私にとってこの日本訪問は、日本の社会や文化について体験し、考えて書く、という絶好の機会を与えてくれました。

　21世紀に向けたフレンドシッププログラムへの参加メンバーに選ばれた旨の手紙を公共サービス局（PSD）から受け取った後、急いでウツサンマレーシア（マレーシア全国紙）の編集局長ロスマ・マジド女史に会いに行き報告しました。また、マレーシアの言語・文学研究所（Dewan Bahasa dan Pustaka：DBP）の仲間であるジョハン・ジャファーとファアティニ・ヤコブにも会いました。私たちは、書くべき記事の内容について長い時間話をしました。そこで私は日本に関する内容や、日本訪問から学べる興味深いことなどを記事にしようと思いました。記事を一般読者にも読んでもらえるように、いろいろなアドバイス、報告書からのスクープ記事などのアイデアなどを彼らから沢山もらいました。私自身は、ジャーナリズムの正式な勉強をしていないので、日本訪問中にレポーターとして行動するような気持ちは全くありませんでした。しかし、友人はジャーナリスト的な視点で記事を書くためのノウハウを教えてくれました。それは、簡単ではあるが意味のあるメモを取り、それを日本滞在中に記事として、後で完成すれば良いということでした。更に、関連する情報の収集と文書を読むこと、そして写真を撮るようにというアドバイスも受けました。

私は、短期間に「おしん」の国についてできるだけ多くのことを学べるよう習得を急ぐ必要がありました。

日本の環境哲学: ある旅行者の備忘録

　8月23日、スバン空港から出発する前に、準備コースプログラムの簡単な閉会式を行いました。その閉会式には、マレーシア公共サービス局（PSD）の上級職員の方が参加していました。その方の名前と肩書は思い出せませんが、彼の短いスピーチの中で、私たち参加者に向かって、今回の訪問からできるだけ多くの役に立つことを学んでくるようにと言われました。今回は普通の訪問ではない、という事が何度もスピーチの中で繰り返されていました。私たちは感謝の念でいっぱいでした。また、このプログラムの中には貴重な機会が設けられていること、それは　8月26日、日本の国会の議会中の訪問があり、この21世紀に向けたフレンドシッププログラムを推し進めた日本の首相、中曽根康弘氏にお会いする予定であることを教えられました。そこでもまた今回の訪問は普通の学術的訪問ではないということを言われました。

　彼の短いスピーチの終わりに、課題が発表されました。それは、日本訪問中にしっかり観察し学び、重要なことを3つ持ち帰ることです。また、そのスピーチを終える直前に「日本の街中で太った日本人を見つけ、その数を数える」という宿題も課されました。さらに、日本の道路、環境、市街地の清潔さのレベル等をしっかり観察するようにとも言われました。これらのことは、後になってとても驚くことになりました。

　この訪問は本当に思い出深い貴重な旅となり、私の家族や村の誇りとなりました。私の両親や兄弟たちはみな100kmくらい離れた故郷のジョホールやヌグリスンビランからスバン国際空港に見送りにやって来ました。この外国への旅行で、私が初めて飛行機に乗ることは、私の家族にとっても大きな出来事でした。さらに、マレーシア工科大学（UTM）クアラルンプール校の多くの友人が、1台のバスに乗って見送りに来てくれました。彼らも、マレーシアの25人の学生リーダーの中に5人のUTMの学生が含まれていることに興奮していました。これはとても大事な点です。マレーシア国内の9つの国立大学のうち2校が選ばれ、しかもUTMから5人の学生代表が参加しているのですから。

　私たちは、日本航空（JAL）の夜行便でクアラルンプールから東京に向かいました。この7時間のフライトの機中で日本の夕食と朝食を食べました。私は、日本でどのような経験が待っているのか、どんな出会いがあるのだろうか、と想像し興奮して眠ることができませんでした。短期間に「おしん」の国についてできる

だけ多くのことを学べるよう、意識を集中する必要がありました。成田空港に到着する前に、準備コースプログラム時や私の指導者である編集長といろいろ話合ったことを思い出して3種類の観察録を作ることにしました。それは読書の文化、時間厳守、環境とその管理の仕方です。

　私は、日本人の読書をする習慣、一般の読書文化およびエコシステムの学習法について探求しようと決めました。読書の習慣は、その国の知識文化とその洗練度の指標となります。この考察は非常に実用的でした。この訪問プログラム自体が大学生のリーダー意識を養うために計画されたものであったので、私たちの課題の方向性に沿ったものだからです。日本では、大学の教授や教師、学生などに会って意見交換をすることなどが求められていました。更に大学のキャンパス、学校、研究所などを訪れることになっていました。私たちのカウンターパートは、訪問予定の県出身の25名の大学生でした。彼らとの話を通して、読書文化やエコシステムの学習について、色々質問をしながら多くの情報を得ることができました。

　成田空港に到着した時、JICA職員の方々の暖かい歓迎を受けました。今となっては、2人の女性を除き他の方々の名前を覚えていません。その2人とは、ミチコさんとマツダさんです。このお二人は1か月間私たちと旅程を共にすることになっていました。2人には出発前にクアラルンプールでお会いしており、準備コースプログラムの一部に参加されてプログラムの内容や日程等を教えてくれました。お二人とも英語と簡単なマレー語を話すことができました。私が見た限り、マレーシア、その中でもマレー社会についてよくご存じでした。お二人は以前、JICAのプログラムに参加しマレーシアの地方で2年間のボランティア活動をしていたそうです。この2人が同行してくれて大変助かりました。というのは、マラヤ大学の女性1人を除き、参加者で日本語を話せる人が1人もいなかったからです。

2018年2月、JICAコーディネーターだった飯島（旧姓松田）ユリ子さんとつくばで再会

　最初の週は、私たちが滞在した池袋にあるホテルでの教育プログラムが中心でした。アセアン諸国からの参加者は全員この5つ星ホテルに宿泊し、皆同じように社交行事やクラスに参加しました。あらためて言いますが、マレーシアのメンバーほぼ全員、このような5つ星ホテルに泊まるのは初めてでした。同じ

25人のマレーシア学生リーダーと日本のカウンターパート

ホテルに泊まることで、同じ課題をもって日本に来た他のアセアン諸国の若いリーダーたちと話をする機会を持つことができました。その課題とは、日本を訪問して何を学び、どう役に立てるのか？です。

　ホテルで行われた教育プログラムはほとんどが講義、ディスカッション、ビデオを使ったさまざまな紹介でした。正直なところ、おしゃべり好きで外交的な私たちマレーの学生にとって講義は少々退屈でした。大学教授の講義は日本語で行われ、それを通訳が英語に翻訳してくれました。話は極めて長く、多くの表などを使った濃密な内容でした。教授のほとんどはオーバーヘッド・プロジェクターを使い、講義用のノートを準備していました。そこで、日本の教授は、講義でのディスカッションを促すことに慣れていないのだと気が付きました。仮にディスカッションがあったとしても、時間制限があり短いものでした。また、教授に反論

東京・国会会議場にて、21世紀のためのフレンドシッププログラム参加者が中曽根康弘首相の発言を傾聴

すること、例えば第2次世界大戦や長い労働時間に関する日本人の考え方などについて反論することは、教授の仕草からあまり歓迎されないことがわかりました。そういうことは適切ではない、ということです。日本語で「沈黙」―何らかの顔の表情と無言状態－が、意見の相違、不快、迷惑やタブーを表していました。その教授は、予定通りに講義資料を配るつもりでいて、時間を守らない状態に我慢できない様子で

した。通常、講義終了前の10分ほどが学生の質問時間として確保されていました。しかしそこでは1つか2つの短い質問しか受けつけてもらえませんでした。

　正直なところ、私は講義からはあまり学びませんでした。講義の前に渡される資料は充分包括的で、講義に出席しなくても課題を学ぶには十分でした。その代わり、講義に参加している間、日本の教育やクラスルーム活動にいろいろな想いを巡らせていました。私の好奇心は説明できないほどに高まりました。受け身的な学習環境の中で、様々な分野にわたりアメリカやその他の西欧諸国と肩を並べるほどの優れた国民を輩出する日本という国、おそらくそれが、数百年前から日本の伝統に深く根差した大学やその他の教育施設における学習－一方向的で討論などがほとんど無いのが普通－の在り方なのかもしれません。教室の中は静かで受け身的な授業だからと言って、学習内容が貧しいわけではなく、教育の失敗ではないということが分かります。それは、敬意と謙虚を信条とした、教える者と弟子の伝統的な関係に基づいており、Ezra Vogel の言葉にある「知識に対する集団的探求」[1]なのでしょう。そのような学生の態度を表現しているVogel は「良い学生は常に謙虚、謙遜、粘り強く、自制心を持っている。グループの場において、学生は教師が彼らを魅了するような存在ではないと思い、また仮に学生が講義中うとうとするようであれば、その教師はすぐれた教師ではないと判断しますが、学生は決してそれを表に出しません。学生は教師の教えに反論はしません。また学生は教師に対する判断を受け止め、仮に質問するよう促された場合、その教師の能力を発揮できるような質問を見つけようとします。学生は、学習者としての役割を果たそうとし、学べることを学ぼうと模索します。学生は、自らの明晰性を他人にひけらかすようなことはしないのです。」[2]

　このプログラムの期間中の講義内容は歴史・社会構造・教育システム、経済政策・工業化、そして世界中の地域及び文化的側面における日本の役割などでした。暗黙の了解という

マレーシア学生リーダーのための日本での日程表

8月24日、東京の成田空港に到着した時点で、スケジュールとして1枚の紙を渡されました。そこには、プログラムに参加する私たちのための出発時刻等の予定が書かれていました。このように、13:10や13:45など細かく書かれたスケジュールを生まれて初めてみました。

ものを、第2次世界大戦後の復興成功の要因として一つ一つ例として掲げることなく指摘された教授から教わりました。日本人の考え方の「腹芸」は、暗黙の了解の中で他人とのコミュニケーションを図る方法です。そこではまた謙譲などの態度も表します。また、場合によっては配慮を必要とすることもありますが、話を深める面白い内容もあります。それは、アメリカの支配権や西欧の経済力に対する、アジアの復活パワーについての日本人の考え方です。授業中、この教授は確固として説得力のある答えを直接的には言いませんでした。そこで私たちは、それが配慮を必要とし、討議するには不適切な課題であると気が付くのです。

クアラルンプールでの準備コースプログラムの際に、一般的な日本人はあまり明確に表現をしない、特に外国人や配慮を要する課題に対しては曖昧な表現しかしないこともある、と教えられていました。日本人が「はい」と返事をしても、それは必ずしも同意しているわけではないのです。多くの場合のメッセージは、聞いて理解はしました、という意味です。また、私たちは、日本人のジェスチャ

ーを良く観察するよう言われました。ジェスチャーで、彼らの気持ちや感情を示唆することもあるそうです。日本語の言い回しで「空気を読む」というのがあります。それは、直接的な説明がないまま、その場の状況を理解することであり、また「一を聞いて十を知る」は、一部を聞いて全体を理解するという意味です。

このように幾つもの文化的に配慮を必要とする課題があっても、講義後に色々な質問をする私たちを先生方は歓迎してくれました。時には質問の順番を待つこともありました。そのような時は、先生たちとコーヒーを飲み食事をしながら、私の知りたいことや日本の文化、経済、社会、教育に関連する話題を仲間と話あうこともできました。

講義資料は、厚い印刷物の形で与えられました。目次とその内容が含まれた本でした。しかし、講義で説明を受けた内容はこの資料の半分程度でした。私たちが何か質問するたびに、教授は資料のページや表を示し、簡単に説明するだけでした。言い換えれば、私たち学生は、学習し、学習のためのスキルを身に付け、良い学習者であることが求められていたのです。また、もっと言い換えれば、日本の学生は講義に出席する前に、資料を良く読み課題を事前に的確に理解するよう求められ、教育されているのです。もし学生が自分で理解できない場合は、仲間に相談します。仲間が理解できていれば助け合います。このような学習環境は、講義や大学教育を超えたところで形成されているのです。

「学習というのは、生涯をかけて行う社会的行為である。日本の若者が義務教育を終える頃には、彼らは一般的な知識を身につけるだけでなく、集団で学習する習慣も会得します。仮に1人で本を読んでいても、仲間との話合いは持ちます。大学教育では、学習よりも修了証書を重要視し、そのような社会的現象は学習意欲の妨げになるかもしれませんが、学生の学習継続の妨げにはならず、就職前の学生自身の専門性に自信を持つことの妨げにもなりません。」[3]

また、機会を見て私は大学の教授に、日本の文化・教育・社会・経済について、考察の助けになるような英語の本を勧めてくれるよう頼みました。そうすると、皆がEzra Vogel 著の本を薦めてくれました。

　　日本社会には、広範囲に読書する文化が形成されています。Ezra　Vogel著の本の中に、日本の成功に関する考察が次のように記述されています。「日本の成功を一言で説明するならば、知識に対する集団的な貪欲さ」[4]また、日本では集団として学習することが社会の核になっていることも重要な点です。日本人は会合の度に、自らの知識・経験・技術や読書で得た内容について、他人に知識や情報を分け与えます。実際、外国の学者によって様々な研究が行われて、日本での学習は教室を超えて、社会活動の一環であると結論づけています。読書は、社会的関係の中で人と社会を関連づける大切な役割があります。また日本におけるリーダーシップの洗練度を示すものでもあります。Vogelは次のように、基本的教育の章から始めています。

　　「東京に住むアメリカ人レポーターは、日本の一般市民の文字を読む洗練度と、それが主要新聞の主体となっていることに羨ましさを感じている。日本の全国放送テレビのコメンテーターは、公害、原発、その他の科学的な問題が話題に上がった際、視聴者は各種化学物質の取り扱い方などについて、充分な科学的理解ができていると推測しています。」[5]

　　読書は、日本においては普通の光景です。読書は、公的教育制度を超えて行われています。私が見る限り日本人は、電車の中、バスの中、あるいは地下鉄の駅など至るところで本を読む習慣があります。1986年当時観察してみると、電車に乗っている日本人は、本を読むか、寝ているかのどちらかでした。私はこのことを当時マレーシアで1番読者の多かった全国紙「Mingguan　Malaysia」に寄稿しました。日本にはいろいろな種類の読書材料があります。まじめな内容の本や百科事典などもあります。1980年代、日本の人口1人当たりに対する出版物数は、他の国に比べて高いもので

広島の平和記念公園についてMingguan Malaysiaへ寄稿した記事

した。日本人は、マレーシアや他の国と比べ本や雑誌をより多く読んでいます。教科書も含む各種書籍は、一定の様式で印刷され分別されますが、ポケットサイズと言われる小さな本もあります。小さいので、学生が学校や大学に持っていきやすいのです。また、電車や駅、バスの中で読みやすくなっています。雑誌も、学校や大学の学生用の読書本の一部となっており、趣味・娯楽・ビジネス・一般内容から学術本まであらゆるジャンルの雑誌を読むことができます。日本の雑誌は、英語やマレー語の雑誌と比べ、イラストなどが多く読みやすく見た目も魅力的です。多くのイラストには面白いキャラクターが描かれており、カラフルな図柄や表なども掲載されています。

1950年頃から、漫画などが日本の出版業界に広がり始めました。漫画はとても人気が高まり、科学的な内容、家族の価値意識、コメディー、スポーツ、社会的関連の話題だけでなく、ビジネス管理、ビジネス戦略、政治的論議、経済戦争など啓蒙かつ理解を促すものも現れました。日本の漫画は幅広い読者を集めました。さまざまなタイトルで特定の読者層を狙った漫画など、日本社会のあらゆる分野において読者を獲得していったのです。例えば1995年の漫画市場では19億冊の本が買われ、その売り上げは5,864億円を記録しました。日本人は年平均15冊の漫画を読みます[6]。30年前から漫画の英語・フランス語・マレー語などの他言語への翻訳も始まっています。

日本の単行本は、コンパクトで持ち運び便利でどこでも読めます。

漫画は日本の中で一般の幅広い読者層まで人気となってから、図柄を伴う言語、日本語文字の一部となってきました。これは、夏目房之介氏より明確に表現されています。

「東アジア文化は比較的、図柄と言語の関係が緊密です。漢字（中国語文字）の文化において、イラストと組み合わせた表現は絵柄として扱われ、表現形式から成長しやすい形です。「絵描きもの」という物語にともなうイラストは、12世紀の日本で大きく発展しました。絵柄

と言葉を組み合わせた人気物語のなかにも伝統的要素があります。江戸時代の「黄表紙」はその良い例です。」[7]

　他にも、日本人に関するおもしろい話として、時間厳守に固執する文化があります。クアラルンプールで準備プログラムが行われた時に、時間を厳守するようにとアドバイスされました。東京の成田空港に到着した際にも、講習の開始時間等の時刻表をもらいました。13:10や13:45など、正確な時間が記入された時刻表を生まれた初めて見ました。JICAコーディネーターから、この紙は毎日常にポケットに入れて持ち歩き、時間を守るようにという忠告を受けました。遅刻は、マレーシアチームだけでなく、JICAコーディネーターにとってもあまり歓迎されない事態を生みます。私は、マレーシアチームの副隊長として、全ての参加者が主催国の文化に敬意を表し、時間を守ることへの責任を負いました。

私たちが訪問したところではゴミが散在する汚い通りなど見たことがなく、ゴミの袋が重なって捨てられている裏通りなどもありませんでした。

　日本社会では、時間厳守という分や秒レベルの正確さを保とうとする気質が際立っています。従って、デジタル時計の開発はとても大きな利点をもたらしたのです。秒単位で高度な精度を保つデジタル技術は、日本社会にこそ有効であると考えました。実際には、世界中の多くの人が、工学的な利用かスポーツ行事において正確な時間計測に利用するようになりました。

　時間厳守は、日本のライフスタイルにおいて技術的、実践的な管理方法にまで広がっており、あらゆる方法を駆使して守るべき義務行為として認識

されています。そのようにして、日本全体のシステムに－交通機関から教育制度まで、通常の生活から公式行事まで—、時間を守ることへのこだわりが敷かれています。日本の大学の博士課程の院生は、予定通り3年以内に修了することができる（GOT（Graduation on Time））ことに私は後で気が付きました。まず、4月の第1月曜日に博士課程の院生として登録し、3年後の3月の最終週にきちんと修了します。GOTをやり遂げるために、先輩－後輩の枠の中で、学術的な必要条件を満たすことができるようなシステムが確立しています。彼らは、日本の学術ネットワークの中で、学術的な仮説を立て、それを投稿論文に仕上げ、適切な博士論文を発表しなければなりません。GOTは、日本の学術組織という不確かな枠組みの中における、時間厳守のあり方なのです。

9月2日、文部省を訪問中の出来事でした。私たちは到着が10分ほど遅れました。それは私たちマレーシア人が、地下鉄駅から文部省の建物までの1 kmほどの距離を周りの景色に見とれながらゆっくり歩いたためでした。文部省の建物に着いた時、JICAコーディネーターの方は、担当職員の方に10回以上頭を下げて謝り続けたのです。私たちの訪問中で、時間を守れずにおきた最初の経験でした。このことは私たち全員にとって大いに勉強になり、それ以降JICAコーディネーターの方に恥をかかせないよう努力しました。

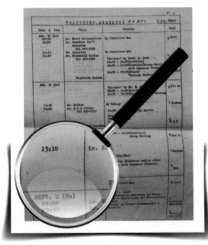

プログラム日程表には、集合時刻、出発時刻などが細かく書かれています。

日本訪問中、環境に関する貴重な体験もありました。私はUTM化学工学部の学生として、化学工学の実践として大気や水の汚染管理、つまり環境科学の課題に取り組んでいました。そのおかげで、科学的な基礎知識はすでに持っており、技術的な理解および日本の環境管理に関する的確な観察ができました。

最初の面白い体験は、東京の私立順天高等学校を訪問したことでした。日本の高校生の学習過程を観察・体験しました。ここでは教師と生徒、上級生と下級生の間での指導の様子を観察する

よう言われていました。更に、教師や生徒たちと会い、教室や実験室を訪問しました。女子高校生とバレーボールの試合にも挑みました（コテンパンに負けましたけどね！）その当時、日本の教育制度は、アメリカなどの工業国においては理想的と言われており、学業に専念するだけでなくスポーツ教育にも優れていました。この点は Vogel 著の本にも書かれています。

「1970年代、19か国で10歳と14際の生徒が科学のテストを受け、日本は比較的良い成績を残した。全体として、理解力・応用力・高度な心理的機能において最優秀の成績を修めました。…日本の中学校は理科実験室を備えており、理科を教える先生の93％は大学で科学教育を受けていました。その割合は、他の参加国に勝るものでした。総合得点でアメリカは19各国中15位でした！」[8]

学校の玄関に到着すると、まず靴を脱いでスリッパを履くように言われました。言われた通りに靴を脱ぎ、下駄箱に靴を入れました。スリッパの棚は下駄箱の近くにありました。下駄箱とスリッパの棚は、その学校の全校生徒にあたる、およそ500名分が用意されていました。

教師の下駄箱と生徒の下駄箱は別の場所にありました。このような設備と実践は、日本においては極めて普通のことで、高度なレベルの清浄を生徒たちに教え守らせる目的もあります。汚れている下履きは下駄箱に置きます。一般的に日本人は、家の中でも靴を脱いでスリッパを履きます。ここで私たちが学んだことは、清潔な文化に親しむこと、また家、学校、仕事場やエコシステムそのものを清浄に保つ文化です。

日本の学校の下駄箱

次の観察は、日本の道路に関することです。PSDの職員からは、日本でもし汚い通りを見つけたら写真を撮るように言われていました。残念ながら、日本滞在中、出かけた場所で汚い道路、放置ゴミ、裏通りの未収集のゴミの山などを1度も見ることがありませんでした。自由時間を使って、東京・京都・松山の普通

の観光客が行かないような場所にも行ってみました。そこでも、ゴミの散らかりや放置ゴミなどを見ることはありませんでした。

　清浄を保ち清潔にすることは、日本で昔から実践されている伝統文化です。私はその点について考え、3つの仮定を考えました。まず、街路が清浄なのは、効果的なゴミ収集が組織化され実施されているからです。またゴミ収集にあたる人は、その仕事に対し意欲があり、道路を清浄に保つための機材が使えるように指導されているからでしょう。次に、一般的に日本人は清潔な文化に執着する傾向があります。それは、家庭内だけでなく、学校などの建物・街・側・河川・工場に対しても同じです。日本人は、几帳面で他人を傷つけず、手助けをすることに倫理的価値を持っています。汚れた状態は、文化的に受け入れ難く、他人に迷惑をかけると考えるのでしょう。3つ目として、日本人は仕事に出かける時や学校や駅に向かう時に歩きます。住んでいる地域を歩くことで、その場所の清浄な状態とレベルを知ることができます。そこで、自分が歩いていく方向にゴミが散在していれば、自らゴミを拾い捨てるのです。

　このような一連の行動が、日本のエコシステムに、清浄さ、きちんと整った状態やその美しさ、そして持続可能性をもたらすのでしょう。

　3つ目の観察は、9月16日に訪れた広島の平和記念公園でのことです。この公園は、1945年8月6日にアメリカが広島に投下した原子爆弾による被災を記念して建設されました。この原爆の直接・間接的な犠牲者は14万人に上り、祈りを捧げるために訪れました。平和記念公園は、日本人の建築家、丹下健三氏の事務所である丹下ラボで設計され、毎年数百万人が訪れます。この公園が建設された目的は、犠牲者の魂を弔うだけではく、恐ろしい原爆のことを忘れず、世界平和を祈るためのものです。[9]

　2時間あまりの滞在中、数千羽の鳩が私たちを歓迎するように飛び交っていました。鳩は平和と愛のシンボルです。飛び交う数千羽の鳩は、憎しみや戦争ではなく、愛と平和そのものでした。

27

その数千羽の鳩が飛び交うにも関わらず、鳩の糞が無いのです！公園は鳩の糞で汚れていませんでした。私はこのことについてJICAのコーディネーターの方に尋ねました。JICAの方は直ぐに私の問いに答えられませんでした。ミチコさんとマツダさんは忙しく、代わりに公園の管理人に説明しくれるように頼みました。後で聞いた説明では、鳩は公園内の鳥小屋で排泄するようしつけられているとのことでした。鳩に排泄の訓練！その効果があって、公園内の糞尿の汚れが少ないのです。

> 何千羽もの鳩がいるのに、糞を見かけませんでした。公園は常にきれいに清掃されており、鳩など鳥の排泄物などはありませんでした。

日本人は鳩までも訓練して、公園を汚さないという事実はとても印象的でした。その後、ロンドンのケンジントン公園、ニューヨークのセントラルパーク、パリのエッフェル塔の公園など旅行者が訪れる場所で、動物の糞尿がない場所は日本以外見ることはありませんでした。

広島の平和記念公園で鳩に餌をやる著者

また、日本の古い都である奈良の一般客に公開されている鹿公園でのことです。鹿公園では、1,200頭の鹿が放し飼いにされています。鹿は奈良にとって、文化的、宗教的に大切にされている動物です。神道（古事記/日本書紀）にある、タケミカヅチノカミ（建御雷神）は、奈良を守るために白い鹿に乗って来たそうです。そこでも驚くことに鹿の糞が全く落ちていないのです。公園には年間数百万人が訪れるにも関わらず、常に清潔に維持管理されています。

更に、東京と愛媛で訪問した化学関連工場で、工場の清浄レベルとそれを維持するための工場内清掃活動を見学しました。環境科学や工学の教科書や講義で私たちが知っていたのは、水銀汚染による水俣周辺の住人に起きた水俣病でした。これは1960年代におきた公害で、その当時、人々の環境に対する

奈良の鹿公園にて、尾崎博明博士とその奥様

意識は未熟で、狭い世界のことでした。水俣病以降、マレーシアも含めて世界中に、公害に関する規制枠が設けられました。そこで私は、環境基準や法律遵守に直面している工場で公害関連の話し合いができることを期待していました。また、汚染管理メカニズムの中で生まれた、トレードオフを理解したかったのです。しかし、私たちが訪問した工場は全て、環境関連技術においては、水および大気汚染、有害廃棄物などの問題を克服しており、環境基準や規制を守るために日本の専門家も雇用しているなど、環境問題に関しては十分に管理されていました。

　最後に、エコフレンドリーや健康に関して、日本人の生活や価値観に関する発見がありました。日本の人々は毎日、健康的な食事をし、歩き、自転車をこぎ、乗り物ではよく立つなど健康的なライフスタイルを実践しています。
　世界最大の自動車生産国にも関わらず、一般の日本人は移動のために電車などの公共交通機関を利用しています。電車を待っている間や電車での移動中、十分な座席が無いためか、多くの人が何時間も立ち続けます。歩くことや立つことと健康や寿命との良い関係を示す多くの研究がなされています。日本人は単に立つことで、あまり動き廻ることなく健康を保ち長生きするそうです。[10]

1986年9月4日に日本文化プログラムの一環で東京の順天高校に訪問した際の証明書

日本の環境哲学: ある旅行者の備忘録

　多くの調査研究から見ても、日本はおそらく世界で1番清潔な国と言えるでしょう。時間を守ることと同じように、清潔へのこだわりは、日本の健康と持続可能性を牽引するものです。環境と住まいの周辺を清浄に保つことで、病気にかかりにくくなり、病気の広がりを抑えます。

第三章

「改善」
常に向上を目指す文化

改善の哲学とは、生き方において−仕事に、社会生活に、家庭での生活において−常に向上を目指すことを意味します。

今井正明[1]

1986年に日本を訪問したことで日本及び日本人への理解を更に深めました。日本の労働倫理と学びの文化を取り入れたいと思っていた私は、その思いがより強くなりました。「おしん」の国は驚くばかりに美しく、人々は洗練され、礼儀正しい人ばかりでした。

私自身は、将来の自分のキャリアとして研究を続けることをずっと考えており、学術的な研究を日本で続けるかどうか、について考えていました。奨学金を受けることができるだろうか？私は、1988年にUTM化学工学部の学士課程を終えた後、環境工学分野の修士課程に進むことにしました。環境工学は、イギリス・オーストラリア・マレーシアそして日本など多くの国では土木工学分野の派生領域です。しかしアメリカや北欧などの国では、環境工学は化学工学の1つの分野としても学ぶことができました。

日本は1970年代から環境技術と管理において進んでいると知っていたので、私は京都大学で勉強しようと前から思っていました。当時、日本の文部省や他の機関から、日本で研究を続けるための奨学金を約束されていました。しかし、同時に私はイギリスのニューカッスル大学で学ぶための奨学金をマレーシアのPSDから授けられていました。UTMの先輩や友人の多くはアメリカやイギリスに行っていました。第2次世界大戦後、マレーシアでは昔からお金持ちの家庭は子供をイギリスに送り出していました。マレーシア政府は、奨学金を授けた学生をアメリカ、オーストラリア、カナダそして日本へ留学させ始めていました。

当時はイギリスとアメリカが高等教育を受けるための主要国でした。これらの国は、ノーベル賞受賞者を輩出するためにトップランクの大学を支援しています。こうした機会があるので、多くのマレーシアの学者は、研究者たちの共通言語でもある英語を上達する目的もあり、西洋諸国に憧れていました。

　1989年、私はイギリスのニューカッスル大学への留学を決めました。UTM
の先輩3人−Azraai Kassim、Razman Salim、そしてMohd Nor Othman−
がすでにニューカッスルに留学していました。その先輩たちから、受講する内容
と、大学から長期的な援助が得られることを聞きました。同時に、イギリスの学
術世界に接することができる良い機会でもありました。西欧において自ら観察
や体験をし、そして生活する重要性にも気が付きました。

　その当時の出来事として、ヨーロッパ共産圏が瓦解していく様子も見ること
ができました。逆に、京都大学の工学修士への留学に決めていた場合、最低3
年間−1年目はリサーチ方法論と日本語の勉強、その後2年間の受講と論文作
成−が必要でした。

　ニューカッスル大学での勉強を終えた後、1991年に私はUTMに講師として
戻りました。そこから実り多い時が始まったのです。1992年（1週間）と1993年（1
か月）の2回、京都大学を訪問する機会を得ました。この訪問は、「日本学術振
興会（JSPS）」と「マレーシア副学長委員会」の共同事業によるものでした。私
は、衛生工学のテーマで、京都大学の寺島泰教授の研究室に滞在しました。寺
島先生は、マレーシアからの訪問学者や先端技術の研究者を快く向かえ入れ
てくれていましたので、マレーシアの環境工学者の間ではよく知られていまし
た。

　京都大学の訪問期間中、私たちは十
分な助成金を与えられていました。それ
で、大学の寮に宿泊せずに市内の比
較的安価なホテルに泊まりました。大
学の研究室とホテルの距離はおよそ
5キロでした。ですから、バスを使わ
ずに毎日自転車で通いました。

日本の文化
では研究や学術的
探究において一個人の
業績をことさら盛り立て
ないことは普通のこ
とです。

日本の環境哲学：ある旅行者の備忘録

　その期間、幸運なことに私は寺島研究室に所属していた助教授である清水芳久博士の支援を得ました。彼は英語が堪能でした。1991年に彼がUTMに短期間滞在した際に初めてお会いしていました。清水先生は、金沢大学で修士を修めた後、テキサス大学オースチン校で博士号を取得されていました。彼は、京都大学出身ではありませんでしたが、衛生工学教室の最も優れた学者の1人で、後に京都大学の教授になられた他、水の研究に貢献したことで数々の賞を授与されました。同じ頃、テキサス大学オースチン校で博士号を取得された松井三郎博士にもお会いしました。このお二人は、初対面から長きにわたる友人となり、私の研究に関しても指導をしてくださいました。同時に、環境管理及び政策における日本人の考え方を私が理解できるよう手助けしてくださいました。

　1993年の滞在中、私は日本の研究相手、特に清水先生と松井先生、と広範囲にわたる議論や検討をする機会を持つことができました。中でも、「改善（カイゼン）」については、専門分野から一般の生活まで様々な観点－継続的改善の哲学－について話をしました。当時、多くの日本企業は世界市場、特に自動車産業と電子産業において先駆的な立場でした。「改善」は多くの日本企業、中でもトヨタが1つの標準的作業の文化として取り入れていました。

　実際のところ、日本人はそのような執着や際立った気質についてあまり話をしたがりません。しかし、改善を行うことで、常に向上し成功したいという彼らの強い想いを私は感じていました。例えば、学術的な研究においても、「改善」というのは彼らの学術研究の役割と効果を常に向上させ、強化し続けることを意味します。「改善」は常日頃の活動において、大学の学長から教授、すべての事務職員から学生まで参加します。「改善」はまた、教育から研究管理など、学術的な工程においても取り入れられてきました。「改善」は、あらゆる分野の日本の組織に取り入れられ、広い範囲で成長してきました。まさにそれは、標準的プログラムと過程に取り入れ、向上する重要性を意味しています。目的は、まず無駄を失くし、質を向

寺島泰先生とシンガポールのNTUの若い講師のChew氏と共に

上させることにあります。後になって私は、日本の教授たちの研究が「改善」を取り入れることで、他の発展途上国の研究仲間と比べ、結果がより先駆的になっていることに気が付きました。しかし、彼らとの個人的な付き合いがなければ、常に向上している様子を知ることは難しいでしょう。日本の文化においては、自らの研究結果や学術的発見を自慢することはありません。しかし実際、日本の研究者は膨大な量の研究を行い、新しく非凡なアイデアに忍耐強く取り組み、その概念的な枠組みを考え続けているのです。

　日本の組織の在り方は、それぞれの知識領域に関するあらゆる分野に広がります。例えば環境工学においては、京都大学には土木構造工学から健康リスクまで、化学工程からバイオエンジニアリングなど、環境工学の下位分野がほとんどそろっています。また、環境管理・政策・財務・規則などの部門もあります。私は、ニューカッスル大学やインペリアル・カレッジ・ロンドンも訪問しましたが、研究部門がこのように広くそろっているのは他の国ではあまり見られません。学術研究にこれほどまでに下位分野や局にまで主席教授をそろえている日本の大学は、先端的開発や研究方向性の先駆けとなり、また追従するだけの十分な柔軟性を備えています。実際、このレベルに到達した研究者は「改善」に対してより積極的に取り組み、最善の努力を惜しみなく行うようになります。

　しかし、研究グループとして様々な先駆的分野を担っているにも関わらず、その学術的構造は、効率が悪く生産性が低く、多くの教授やサポートスタッフを必要とし、更に重複する担当や経費高騰などが問題となっているのです。内部で必要に応じて調整するのが難しいのです。しかし、私がここで言いたいのは、常に継続して行う「改善」に学術的組織内の全員が参加する点です。

　1993年、博士後期課程に進む前に、マレーシアPSDからニューカッスル大学での奨学金、および日本の文部省から京都大学での奨学金を認められていました。この重大な時期であった1992年に私はZainahと結婚しました。そして間もなく長女のSiti Fatimahが生まれました。1993年の京都大学への訪問中、UTMの博士後期課程の2人の学生－Ahmad　Rahman　Sungipと Badrul　Hisham－が私を受け入れてくれました。私は、彼らの研究計画、会議に出席する際や実験の完了、およびその結果を学

術誌に投稿する際の時間厳守の態度に驚きました。実験を最後まで終わらせるために、実験室に泊まり込むことも珍しいことではないと言います。

　生活の様子を見てみたくなり、彼らの住まいを訪ね、日本に住む外国人学生家族の生活の様子をうかがいました。予想通り、彼らはとても狭いアパートに暮らしていました。その広さは、マレーシアの低価格住宅で2寝室あるアパートよりも狭いものでした。しかしそのアパートには、洗濯機、台所設備や冷蔵庫など近代設備が備わっていました。彼らは朝早く家を出て、戻るのは午後9時頃でした。土曜日も含めて毎日、このような生活を続けていました。生活経費が高いので、車は持っていません。彼らの妻たちは、その地域の人たちと交流ができるよう日本語を学んでいました。

1993年、京都大学大学院にて、多数の外国人学生に会う

　私が松山の二神さん一家を再訪する機会を持てたのは、1993年のある週末でした。京都から電車に乗って松山に出かけることにしました。二神幸恵さんと電話で話した内容は、とても面白いものでした。二神さん一家は、私を迎えて夕食を一緒にしようと準備してくれていました。30分後、幸恵さんから電話がありました。「京都か大阪からの電車を調べたけれど、あなたが言った松山に午後1時に到着するような電車はないよ」ということでした。私はちょっとパニックになりました。

　「もうチケットは買いましたよ。」

　「でも、その電車は、午後1時3分着のはずよ。あなたが買ったチケットをもう1度調べてみて」

　「それは1時3分着のチケットじゃないの？」

　「はい、そうです！」

松山での短い滞在中、日本人全体に培われた時間厳守の文化を思い出しました。時間を守ることで、他人の時間を尊重し、その人たちの行動を妨げることがないように気を配ることです。

　本当にそうでした。そして安心しました。日本人は、常に時間を気にします。そしてそれはとても普通だと改めて気が付きました。

　松山への訪問はとても実り多いものでした。二神元（はじめ）さんは亡くなっていました。しかし、元さんの奥さんの文子さん、息子の久士さん、その妻の幸恵さんはご健在でした。お孫さんの崇彰くん、万裕美さんもいました。そこではくつろぐことができ、日本社会を見直すことができました。松山には土曜日に到着しました。当時の日本では土曜日は勤務日だったので、私は愛媛大学を訪問するようにとのアドバイスをもらいました。愛媛大学は多くの分野でとても有名で、その訪問機会を得たことを有難く思いました。また、愛媛大学にはマレーシアからの留学生もいるとも聞きました。

日本の環境哲学：ある旅行者の備忘録

　愛媛大学の主な訪問目的は、二神さんの友人の環境化学の教授に会うことでした。その教授は、愛媛周辺の公害に関する研究で有名でした。私は二神久士さん、幸恵さんとその教授の研究室を訪ねました。その教授のオフィスには予定時刻の5分前に到着しました。すぐにドアをノックせず、教授やその仲間の研究に関係するポスターや資料を見ながら過ごしました。そして午後3時きっかり、久士さんはドアをノックしました。

盆材や庭木に囲まれた、松山市内にある
二神家

二神一家とその従業員との夕食

　松山での訪問は短時間でしたが、あらゆる日本人の時間厳守に対する感覚を思い出させてくれました。時間を守るということは、仕事を時間通りに進め完了することで相手を失望させないようにするという、相手に対する敬意でもあります。それは、ビジネスや公式行事に限らず、あらゆる行事や活動においても同様です。

　日本滞在中、二神一家との再会に加えて、ミナンカバウの伝統的風習や母系社会制度の専門家である京都大学の加藤剛教授[2]にお会いする機会を得ました。加藤教授は、インドネシアのスマトラ島にあるAdat Perpatih 風習

の起源とマレーシアのヌグリスンビランの風習の起源の比較研究をしながら、ミナンカバウの母系社会制度について幅広く論文を書かれています。ヌグリスンビランのある地域は、私の田舎でもあるクアラピラのカンポンイナスです。加藤教授は、現在のインドネシア、マレーシア

加藤教授は、1992年にヌグリセンビラン・カンポンイナス催した私の結婚式に来てくださいました

およびシンガポール[3]において影響力を持つ人物を育てたミナンカバウの文化やその要因を解明しようとして面白い研究をしていらっしゃいました。加藤教授は、特に1980年代以前のゴム農園や水田文化等の変化の過程や、経済活動の研究に重点を置いていました。

加藤教授は、1992年2月にカンポンイナスで行われた私の結婚式に出席して下さり、その行事をカメラで録画されていました。京都大学の彼のオフィスでの会議中、そのような儀式の意味合いや関連する課題について私にいろいろ聞いてきました。加藤教授は、私の「簡素な結婚式」の際の、majlis bersanding and merenjis pengantin（家族の長老からの祝福）がないことに興味をお持ち

でした。私は、この結婚式は友人や親族が楽しく寄り集まることを意図したものであることを説明しました。私たちは、できるだけ和やかでシンプル、そして多くの客を招き、1人ひとりに感謝と健勝を祈ることを中心に据えた結婚式にしたかった、という思いを先生に伝えました。結婚式当日だけで、1,000人以上の来訪者がありました。

京都大学の加藤剛教授のオフィスにある本棚の前で

加藤教授は、自身の研究課題についてはオープンで肩肘張らない方法で行っておられました。30年以上に亘り、社会文化や経済面での変化を研究し追跡し続けることは容易ではありません。それもインドネシアやマレーシアのような複雑な社会では

なおさらです。加藤教授は、私が知らなかったことまでも説明してくれました。例えば、私の祖

京都大学東南アジア研究所の入り口にて加藤剛教授とともに

先は西スマトラからヌグリスンビランに移住してきた事などです。彼の考えを裏付ける資料もあります。また、加藤教授の書籍の量にも圧倒されました。その当時、教授のオフィスにあるような書籍の量は見たことがありませんでした。オフィスの本棚は水平方向に2層になっており、すべての壁の床から天井まで本棚でした。私も、将来の研究室と自宅の書籍部屋をどのように構築しようか考えていたところでした。

〰〰〰〰〰〰〰〰〰〰〰〰

　妻のZainahと長く話し合った結果、博士取得の場所をニューカッスル大学に決めました。これは彼女にとって初めての海外生活経験となりました。それはとても思い出深く、期待通りの楽しい日々でした。彼女もイギリスで勉強することを楽しみにしていました。当時のニューカッスルは、マレーシア人やイスラム教徒が多く住んでいることで有名でした。おかげで私たちのような家族が、文化や気候の違いに慣れるのに大いに助けられました。その時、長女は1歳にもなっていませんでしたし、同行する妻のZainahは医学の勉強を続ける準備中でした。そして、MRCP（Membership of the Royal College of Physicians）の試験を受けました。

　イギリスに到着して7カ月後の1994年7月16日に二女のAishahがニューカッスルのロイヤル総合診療所で生まれました。イギリスで勉強している間、日本人との接触はほとんどありませんでした。本で知ったことですが、イギリスはアメリカやドイツに比べ、日本の学者や学生にあまり人気がありませんでした。1994年と1995年の夏休みに、英語の勉強に来ていた数人の日本人に会っただけでした。その中の1人は、修士課程の勉強で長く滞在していました。彼女は神戸の出身で、日本で英語の先生になりたいということでした。

　また、1995年と1996年、ギリシャとシンガポールで開催された国際会議に出席していた数人の日本人に会いました。この両方の会議で、京都大学と東京大学の教授にお会いました。彼らは松井教授や清水教授の友人でした。私としても、同じ分野の研究仲間なので、この分野での日本の研究がより進んでいたことが分かりました。その当時、学術の世界や産業界ではバイオテクノロジーの傾向が強くなっていました。イギリスなどの西欧諸国では、環境工学の研究が環境バイオテクノロジーの方向にシフトしていました。この分野は、私の博士論

文の一部となっていました。ですが、その当時の日本の環境工学のあらゆる下位分野では、環境バイオテクノロジーを微生物生態学のレベルで適応させていました。日本には、イギリスなど他の国の医療分野や微生物学の研究でしか使われないような洗練された研究施設がありました。また、微生物学の研究者と環境工学の研究者が行う研究の区別が難しい場合もありました。日本の主要大学では、1990年代初めから、環境工学の研究も含め一般的にDNA関連の課題にすでに取り組んでいました。それは他の国に比べても、かなり早い取り組みでした。

　世界の他の地域に比べて、イギリスに住む外国人学生の間では、夏の間に慈善団体が行うトランクセールでいろいろな中古品を買うことが流行っていました。私たちもいろいろな物を買いました。特に子供用のおもちゃや本・文房具・家具・ゴルフクラブ・冬用衣類・DIY用工具などです。それらはとても安くて、裕福な家庭からは無料でもらうこともありました。ここでは、物を売って儲けることが目的ではないのです。これまで使っていて、これからは使わない物を処分することが目的のトランクセールなのです。ですから古本も市場価格よりもかなり安い価格で売ってくれます。本好きにはとても助かります。

　前回日本を訪問した際に、読書の習慣を学びました。教えられた通りに読みたいと思う本をまず10種類そろえようと、本を買い集めました。それは研究関係・教育・環境工学・小説・海外政策・ジャポニカ・マレーシアナ・管理・哲学そして宗教関連です。また本棚もいくつか買い求めました。更に仕事や旅行、短期間の出張など目的に合わせて使い分けられる鞄も買いました。

　期待以上に、数多くの良い本や本棚を見つけることができました。一般読者向けの本だけでなく、専門書・小説・地方の歴史書・管理・ビジネス・歴史・大学の教科書や雑誌などもありました。私たちはトランクセールや古本屋で、少なくとも本にだけはお金を惜しみませんでした。そうして本は徐々に増えていき、ニューカッスルに滞在中、加藤教授が持っていた本と同じくらいにまでなりました。

前回日本を訪れた際に見かけた光景ですが、東京、京都、大阪の街中で、通りを歩いている人はごみ箱から比較的新しい読み物を拾いあげていまいした。

このトランクセールのように、少しのお金を使ってでも、廃棄物を減らし、使われなくなった物の再利用を勧めるために、人に物を譲るという方法が世界中にもっと広がっても良いと思います。色々な物を安い価格で売ってくれることは読書好きには嬉しいことですし、普通なら家庭ごみとして処理するモノの量を減らすこともできます。日本では、読み物、特に新聞・雑誌・漫画など他の人に譲ることは普通のことです。前回日本を訪れた際に見かけた光景ですが、東京・京都・大阪の街中で、通りを歩いている人は、ごみ箱から比較的新しい読み物を拾いあげていました。書籍などは無料で、歩行者が手に取りやすいようにきちんと並べられていました。

時間の管理は、外国から来た大学院生にとっては苦労でした。特に家族が同行している場合は大変でした。私の場合、3年間で予定通りに博士課程を修了することを常に念頭に置いておかなければいけません。私が日本で気付いたことですが、日本での博士課程の勉強は、院生が科学的な研究を行い探究

し、実践するようになっています。その方法は、学術分野により異なりますが広範囲です。例えば、工学部や応用化学部では、実験や分析を行う際には、「標準的方法」に従う必要があります。その方法は適切に計画・構築されています。ですから、日本では博士課程の院生は3年間で、予定通りに修了（GOT）することができるのです。

私は、実験や分析を行う際に、ことさらに時間を守ることを意識しました。しかしイギリスでは、日本とは異なり午前8時から午後5時までの時間制限があります。私は平日5日を実験にあて、土曜日の朝に実験室に入り、実験台のスイッチを切ることにしました。私たちは、予定された実験と解析に集中する必要がありましたが、メールでの友たちとの連絡、インターネットでのブラウジングなど他の作業で中断されることはありませんでした。1990年代初めのイギリスの学者や研究者の世界では、Eメールやインターネットがとても流行していました。

25か月足らずで私は全ての実験と分析を完了し、博士論文を書き終えました。更に、専門誌に3つの論文を投稿しました。ですが、大学の規定の中に、博士論文の提出は入学30か月後に提出する、と書かれていました。そこで、私の指導教授であるGKアンダーソン博士から多くの論文を読むように言われました。アンダーソン教授は、水質工学分野の主要雑誌「Water　Research」の編集者でもありました。私は教授から指示された役目－　正式な論文査読に提出する前の論文査読、もしくは教授のアシスタントとして論文を見直す－の意味がわかりませんでした。教授のアシスタントをして「Water　Research」の編集者が東京大学の松尾友矩教授とデンマーク工科大学のヘリモエス教授であることが

2018年11月、筑波大学に留学しているマレーシア人学生に会い、外国での生活や学業に対する私の考えなどを話す

43

日本人と知り合い、各地で会合することは、日本の文化、特に改善、時間厳守、先輩－後輩関係など、日本人をより深く知るための大きな動機となりました。

わかりました。そこで、重要り、アンダーソン教授に頼んいました。

な研究調査が行われていることを知で、彼らと連絡が取れるようにしてもら

アンダーソン教授は、本た課題を完了した後で、教くれたコーヒーを飲みなが

当に私を助けてくれました。与えられ授のアシスタントのアマンダが入れてら雑談をします。そこで教授は、私の

勉強終了後の計画を聞いてきました。また今後の彼自身の学術研究の見方も話してくれました。彼のアドバイスはとても説得力がありました。そこで私は日本への関心を話したところ、教授は日本の研究仲間への不満を語り始めたのです。日本の研究者は秘密主義で、英語での会話がなかなかできない。日本人は、言葉・文化・伝統ゆえに常に孤立する傾向にあるから注意しなさい、と言われました。

　1996年、幸運にも、シンガポールで開かれた2年に1度の世界最大の国際学術大会「水資源会議」に出席することができました。この大会は、水質に関する国際水質協会（IAWQ）、後の国際水協会（IWA）が主催しました。この会議中、私はアメリカ・ヨーロッパ・日本・オーストラリアの水に関する先駆的な多くの専門家に会うことができました。私は、博士課程での研究結果を、東京大学の山本和夫教授とその学生の浦瀬太郎氏に見せました。私が行った研究は、低圧逆浸透膜に関する浦瀬氏の研究にとてもよく似ているものでした。その後も、私は松尾友矩教授、そして彼のアシスタントでもあった味埜俊教授とともに、排水処理に関する最新の生物処理について話をすることができました。このように、いろいろな場所で多くの日本人に会い、話しをすることで、日本の文化、中でも「改善」「時間厳守」「先輩―後輩」への理解が一層深まりました。

　1996年、博士課程を修了してから、マレーシア・ジョホールバルのUTMキャンパスに環境工学の講師として戻りました。1999年の後半にUTMでセミナーを開催し、そこに東京の松尾教授と私の修士論文の指導教授であったM.　B. Pescod 博士を招待しました。セミナーには、500人以上の職員と学生が集まりました。松尾教授によると、教授のキャリアの中でもこれほど多くの人が参加したセミナーはなかったそうです。UTMにとっても本当に素晴らしいセミナーとなり、日本とイギリスから世界でも先駆的な教授を招くことができました。

　1999年9月後半、東京大学で微生物エコロジーの進歩に関する会議があり、その会議で話をするために招待されました。そこでは、研究・実験の場における「改善精神」の実践を目の当たりにしました。その「改善」は、課題とその周辺範囲に限らず、研究のネットワークや学生のグローバル化にまで及んでいたのです。京都大学と同様に、博士課程の外国人院生や、博士課程を修了した研究者の間で、資源の多様化において「改善」の努力を行う傾向が大きくなっていました。

　日本の「改善」に対する強い思い入れはグローバルネットワークとして広がっていました。UTMはそのネットワークの一部となり、東京大学や京都大学といった名門大学と協力仲間となることができ有難く思いました。時に私たちは、水と環境に関するテーマで共同セミナーを開催し共同出版を行いました。例えば、2000年に、ジョホールバルで排水処理の進歩に関する特別セミナーを開催

しました。そのセミナーに、味埜俊教授と彼のアシスタントの栗栖太博士、デンマーク工科大学のモガンハンズ教授、ニューカッスル大学のトムカーティス教授、イアンヘッド教授などを招待しました。課題となっている分野が進歩しているにも関わらず、参加者はセミナーの内容と発表に満足している様子でした。重なりますが前年度に比べて、日本人教授の間では科学的な結果が大きく進歩していることがわかりました。このように「改善」は、科学的進歩においても、大きな役割を果たし、優れた学問への情熱を支えています。

2004年、国際水協会（IWA）はモロッコのマラケシュで国際水会議を開きました。2002年以降、開発途上国のIWA専門家グループの議長であった私は、その会議に先立つIWA理事会に出席しました。そこで私は2004年から2006年までのIWA副会長に選出されたのです。その選挙にはIWAのメンバーであるの松井三郎教授も立候補されていました。のちに彼はIWAの理事メンバーに任命されました。

IWA副会長としての私の立場は、私自身のネットワークを広げ、日本を含む世界の水の専門家が行う活動に参加することでした。様々な場面で最新研究、大学院院生への監督指導や教授、論文の発表など日本の教授から多くのことを学びました。その鍵となる言葉は「改善」でした。常に進歩・向上するという精神です。

第四章

「神」

無意識の意識
聖なる存在もしくは神

「鰯の頭も信心から」
日本の諺

「あなたの宗教はなんですか?」「神を信じますか?」「どこの神社にお参りに行きますか?」

これは、日本人にとって1番苦手な質問です。答えるまでにちょっと時間がかかります。顔の表情からも分かりますが、このような質問をされると、少し深く考える必要があるからです。それでも私の日本人の友達は答えようとしてくれますが、明らかに答えにくく、しかもあいまいな表現でした。多くの場合、答えは中途半端で、宗教観や宗教的帰属意識に疑問を投げかけるものでした。

友達の1人が次のように答えてくれました。「それは、日本人にとってとても答えにくい質問ですね。多くの日本人は神社にお参りするので、神道を信じているといえます。日本の天皇が日本国の長であり、歴史的には1947年の日本国憲法発布まで、天皇は神道の最高権威だったからです。」これは、日本人が天皇を敬い、日本の文化に従う日本人であれば、皆神道の信者であるという意味です。

しかし、第2次世界大戦後、1947年の日本国憲法施行において、宗教の位置づけは極めて個人的な事情となりました。日本は非宗教国家と定められています。また、憲法20条では、天皇の役割は皇族の長であるとともに、日本国の象徴であると定められています[1]。「宗教の自由は全ての国民に認められている。いかなる宗教組織も、国からの恩典は受けられず、政治的活動は行わない。またいかなる人間も宗教的な活動、祝い事、儀式等への参加を強要されない。また国やその組織は、宗教的な教育やそのほか宗教的活動を行わない。」

それ故に、話の中に宗教的な内容は出てこないし、日本は非宗教国家であると定められているため、公式な宗教の話し合いも行われません。しかしながら、日本人は、私からみると宗教的実践を行っています。憲法は、宗教の自由を

保障していますが、いかなる人も宗教活動へ強制的に参加させることはできません。

　1986年の最初の日本訪問中、ある日本人の教授から、日本人は一般的には宗教的ではないが、間接的に宗教的価値の実践や道徳的行為を行っている、と教えられました。日本人は神道、仏教や儒教の様々な側面を生活の中にうまく組み入れているのです。さらに近頃は、キリスト教的要素、例えば西欧スタイルの結婚式などが取り入れられています。

　マレーシアのイスラム教徒にとって、日本人がこの3つの宗教を同時に受け入れ、各々の行事の儀式の由来とあり方に基づいて実践していることを想像するのは難しいでしょう。マレーシアでは、まず神を信じることが国家（Rukun Negara）を支える柱であり、マレーシアの多人種・多文化・他宗教の国を1つにまとめるための国家そのものを実現するために、マレーシア人は自らの宗教を公表し、実践しなければなりません。宗教の自由は皆に認められています[2]。

　日本で神社仏閣へのお参りは、昔から多くの旅行パッケージに含まれていますが、そこには宗教的な意味合いや勧誘などはありません。私たちの最初の訪問や後の行事にも、京都や松山にある神社仏閣を訪れる予定が組まれていました。京都の金閣寺と清水寺には何度も行きました。この2つの場所は、日本の文化を考え理解する上で欠かせない場所であるとも教えられました。

　金閣寺（黄金の大きな館で、正式名は鹿苑寺。文字通り鹿の庭の寺院という意味です）は禅の仏教寺院で、1397年、室町幕府の第三代将軍である足利義光により建立されました。しかし、1950年に放火で焼け落ち、1955年に再建されました。金閣寺は日本で最も有名な観光名所でもあります。寺は鏡湖池に面し、昔の貴族と新しく台頭してきた侍の文化が融合した北山文化の代表です。金閣という名前は、館の頭頂部の構造が金色の葉の形をしているところに由来します。日本の歴史的神話の中で、金は死に対する否定的な感情や考えを浄化すると信じられています。また金は富の象徴であり、特に室町時代の世界的な発展と成長を意味していました。

日本の環境哲学：ある旅行者の備忘録

　清水寺－文字通り清浄な水が流れる建物－は778年に坂上田村麻呂により建立されました。現在の建物は1633年に徳川家光により建てられたものです。その構造設計は独特で1本の釘も使っていません。また浄めの儀式に必要な水辺に建てられています[3]。

　「一般的に日本人は宗教的ではありません。」と枝廣淳子氏は主張しています。そのため、日本人の宗教的考え方を理解するのは容易ではありません。非宗教国家での宗教の役割は、全く個人的なことと定められています。しかし、枝廣氏とこの点について話をした後、日本社会では宗教に関することは暗黙のことであり、それは日本人の生活様式、ビジネス、個人として目指すところの心構えでもある、という意味がはっきりと分かりました。

　枝廣氏は、2002年にNGOジャパン・フォー・サステナビリティ（JFS）を発足された方で、日本の環境ジャーナリストの草分け的存在です。幸福や持続可能性を推奨しながらも、2018年の私との討論においては、日本の宗教に関してほとんど言及されませんでした。しかし、彼女の話や活動を見ていると、日本の文化や宗教的組織について深い暗黙の知識を持たれている方であることが分かります。実際、彼女自身、これからさらに深く研究するというお話でした[4]。

　一言で言うと、日本人の心を理解することは容易ではありません。というのは、私たちは日本の宗教的信条や教えに直接的に関わることができないからです。また宗教的ではないことに加え、日本人は同時に、複数の宗教的価値を取り入れ自由に実践しています。文献によると、日本の宗教を理解するには、2つの基本的な見方があります。

　昔から、日本人は神道・仏教・儒教の教えを上手に取り込み、実践融合してきました。

　日本人は宗教的というよりは精神的な国民で、特に第2次世界大戦後それは顕著になりました。

日本の文化や環境について枝廣淳子氏、甲斐田直子准教授と語る

日本人の主な宗教の教えや実践には、神道・仏教・儒教の教えが混在しています。場合によっては、道教や禅もその中に加わります。神道はどちらかといえば、日本の固有文化と同義です。一方仏教は6世紀頃に中国から持ち込まれました。以降、2つの宗教は調和を保ちながら共存し、補完しあってきました。大抵の日本人は、自らを仏教もしくは神道の信者、または両方を信じていると言います。また、仏教は日本文化の精神的基礎であり、それは建築物・芸術・価値観・思考などに見ることができます。中国の老子(571– 471 BC) に由来する道教は、人と自然の一体を説きます。ここで大切な点は、道教は日本では正式な宗教的という位置づけではありませんが、信仰の制度や実践の中に深く浸透していることです。マハヤナ仏教の教えに従い、道教に影響された禅ですが、この発音は中国語の「禅」に由来します。近代日本における禅仏教の影響は、家の清掃や心の浄化など平素な日常行動に見ることができます。

日本人の宗教に対する意識や帰属感覚は聖徳太子(573–621　AD)の言葉に表されています。

「神道は、木の根に象徴されるように、日本人の心の中に埋め込まれている。儒教は幹や枝。政治や道徳、教育に見られる。仏教は花。宗教的感覚は花の開花である」[5]。

日本人の宗教的融合に関する学者の論点は、古代からの共存、という考え方が大きな範囲を占めています。日本の宗教は、いくつか宗派があり明確に分かれています。しかし、個人として宗教の教えを理解し実践する際は調和を大切にします。Davies が提唱している2つの観点は、次のような状況を理解するには重要です。

「まず認識において、−日本の宗教を宗教的組織の枠組みもしくは正統的教義の実践であるとみなすか、人が考え実践する行為と考えるのか−という明確な区別があります。次に理解を深めるにあたり、宗教は文化的構造の中で観察実践されている行為なのか、もしくは一般の日本人が2つの制度の中でうまく使い分けているのかです。大抵の日本人は、少なくとも仏教徒であり、同時に神

「神」は良性と悪性の両方を兼ね備えています。松井先生によると、「神」は日本人の自制心を司る存在でありながら人の目には見えません。しかし、「神」は様々な場所や形で存在します。「神」を敬い「神」と調和するために、人は常に「神の存在」と「神の在り方」を常に意識する必要があります。

道の信者でもあります。つまり宗教に対していかに無関心であろうとも、日本人は仏陀と神（神道の神様）を間違えることはありません。」[6]

「第2次世界大戦後、そして1947年の日本国憲法制定後、日本における宗教の役割はより黙示的に社会生活と価値体系の中に編み込まれていきました。宗教は、個人生活のあり様なのか、または宗教的態度や信仰、実践の組織的な制度であるのか[7]としても、今の日本人の日常生活において、大きな役割をもっているとは言えません。平均的な日本人の宗教的帰属は、誕生や葬式、新年の祝いなど限られた行事において見られます。

日本人の宗教的帰属や儀式の実践が徐々に希薄となる中、実践という意味においては、知恵や道徳的な教えは日本人の生活の中の宗教的価値として、教育制度に組み込まれています。日本人がお寺や神社を何か月も訪れないこ

とは普通のことです。しかし、清浄・時間厳守・チームワーク・社会的
義務・協力・謙遜・簡素・勤勉などの宗教的な教えには従います。

　ある意味、特に第2次世界大戦後の日本人は宗教的というより
も、精神的であると表現するほうがよいかもしれません。この精神的
な面は、態度や道徳観、信仰や実践にはっきりと見て取れます。

　また日本人の精神性は、たとえ帰属宗教や信仰の程度が違ってい
ても、「神」の理解においてはほぼ共通と言えます。

　しかし、この日本の「神」という考え方は、英語に翻訳するには最も
難しい宗教的概念です。日本人の心の中の「神」を表す最も適切な英
語はありません。したがって、多くの学者は日本文化の「神」の独自性と重要性
を強調するために英語に訳さずに「Kami」ということばをそのまま使っていま
す。Holtom（1940）の27ページの記事中に「神」について次のように書かれて
います。

　「日本の比較言語学に関連して最も難しいことの1つに「神」という言葉の
語源とその意味するところがあります。この国の宗教関連において、この言葉は、
「神」・「複数の神」・「神」・「多神」・「女神」・「女神たち」などのようにいろいろな
英語に訳されています。神に相当する存在・性別・数などは、語源そのものから
区別されていません。このような原理的意味において、「神」という意味が十分
な表現として適用されているかどうかにかかわらず、我々が考える前に「神」は
既に社会の一部と成っています。Basil　Hall　Chamberlainもまた、「古事記」の
翻訳を経験した結果、いろいろな語彙のなかから適切な英語を見つけることは
大変で、中でも「神」は最も難しい・・・・」[8]

　このような複雑な様相のなか、私は京都大学の松井三郎名誉教授ならびに
中央大学の松下潤教授と「神」についての長い討論をしました。国際的な学者
として、またアメリカに長く住んでいた経験から、松井先生は「神」の概念を簡単
な言葉で表現しました。まず、多くの神々を崇める神道の考え方を理解すること
です。これは、イスラム教のいう「唯一神」と相反する考え方です。

日本の環境哲学：ある旅行者の備忘録

　日本語の「神」は、日本人が崇め祭る霊、もしくは環境現象を意味します。景観や自然の威力、もしくはそれを示す質量、そして尊い故人の魂などを意味するのです。祖先の中には、生存中に高い価値観を持って徳を積んだ人は、死亡と同時に「神」になったと信じられています。

　松井先生、そして松下先生も「神」と「自然」は別であるという言い方をしていますが、「富士山」は「神」であると松井先生は強調しています。また、自然の存在である山や河川、樹木も「神」を構成する要素であるということです。さらに古い構造物も「神」のようなものであるとも言います。

　私は、日本の伝統的な民話において「神」の役割とは何であるのかを不思議に思っておりました[9]。ある人は、日本には八百万の「神」がいると言います。つまり「神」は人間に近い場所に存在し、人の祈りに応えるのです。また、環境との関係で「神」は自然の威力と人間の生活そのものに影響を与えます。

　「神」は良性と悪性の両方を兼ね備えています。松井先生によると、「神」は日本人の自制心を司る存在でありながら人の目には見えません。しかし、「神」は様々な場所や形で存在します。「神」を敬い、「神」と調和するためには、人は常に「神の存在」と「神の在り方」（随神の道）を意識する必要があります。

　知識者である友人たちと話し、神道に関する本を読むことで、私は少しずつ神道と仏教共に広く受け入れられる「神」に関する複雑な考え方を理解するようになってきました。一言でいうと、「神」は景観や自然の威力に感じられる「霊的」要素をかなり簡素化した表現なのでしょう。「神」という言葉は、存在する要素、または存在そのものを表現する言葉であり、それはあらゆるもの、畏敬の念を抱かせる圧倒的存在の要素を見せるものについて使われる言葉なのです[10]。

松井三郎先生（右）、松下潤先生と日本のエコソフィ、宗教、文化について語る

　「神」の概念は、日本人にとって日常の考えや行動に潜む超自然的

霊の存在で、その霊に見守られているという意識を持つことが、日本人の中の自制精神の土台となっているのです。日本人は儀式を行い、祈りを捧げるという行為においては宗教的ではないかもしれませんが、「神」という考えは、日本人の内側では、無意識の意識として、さもなければ人間と人間、もしくは人間と自然との関係において、人間の知覚を超えるほどの前意識として日本人の中で息づいているものなのです。「神」の存在により、日本人は慣習や伝統を敬い規則や法律を守るのです。

　「神」は常に、人や自然に対する私たちの行動を観ていると日本人は考えます。松井先生は、環境の持続可能性に関する自制の精神においても「神」の存在は重要である、と主張されています。

第五章

「和」

調和

異体同心
日本の諺

1986年に「おしん」というテレビドラマが放映されました。このドラマはとても情緒的な内容でしたが、マレーシア人にとっては勇気づけられるお話でした。また、世界中の人がこのドラマに釘づけになって見入っているようでした。おそらくそれは、「田倉しん」という主人公の美しさ、丁寧さ、際立つ性格と忍耐強さにひき付けられたのではないかと思います。ドラマの中の「おしん」は、世界中の熱心な視聴者を魅了し、伝統的な日本の価値観、すなわち家族・上司・仲間との「和」が理想的に描いていました。

ドラマで描かれている「おしん」は、秋田県坂田の加賀屋で8年間の大変な子供時代を過ごし成長しました。この時期、「おしん」は大人や友たちなどみんなから愛されていました。そのような中、大変なことが起きます。彼女の祖母が病気になったのです。彼女は、病床の祖母の世話をするために生まれ故郷に戻りますが、当主、特に八代の奥様の元を離れるのがつらいのです。「和」や「忠誠」という気高い価値を「おしん」は見事に表現していました。その「おしん」に、視聴者の心が動かされたのです。

私はこれまで何度も厄介な出来事に遭いましたが、日本人の友人は丁寧にその場をおさめ、自らその場に出向き、支え、仲間として提案しながら、平和的解決を見出します。また、ある時は、ささいなことで意見が食い違っても、友人関係を保つために沈黙し、調和を取り戻すための協力を惜しみません。この気高い精神性は、2010年にUTMが「マレーシア・日本国際工科院（MJIIT）」を創設する際に私が直接関わったときもみられました。MJIITの創設には、20以上の日本の大学からなる支援コンソーシアムが参加しました。

コンソーシアムに参画していた大学学長の何名かは、私たちが提案していたプログラムや活動に反対でした。普通反対する場合は、学術的な内容や調整案に関して全く相反するような見方があるからだと、日本の親しい友人は教えてくれました。しかし、正式会合の最中、私たちは反対意見のある案件について対話を通して解決することが出来たのです。「このような会議の場で解決策を見出し、前に進みましょう。2つの国のパートナーシップを実現するためには、道のりは遠いのですからね。一旦決定されたことでも、技術委員会がその実行を検討する際に見直すこともできますから」と、私は主張しました。また、日本の友人とおしゃべりする時間がある時は必ず、簡単な問題を解決する時に遭遇した難しい問題も話題にします。東京やクアラルンプールで会い、友好的で誠意が感じられる雰囲気の中で問題の解決を図ろうとしたこともありました。Eメールやビデオ会議、ソーシャルメディアなどは1度も使いませんでした。

「気」という概念は、「目に見えないエネルギーの動き」を意味する古代中国の言葉に由来しています。

「私たちは、基本的に農耕民族なのです。農作物を生産するためには、家族や隣人と友好な関係を築かなくてはいけません」と、松井先生は日本の「和」の文化的側面を語ります。この考え方は、日本の社会制度における主たる価値観と一貫しています。

UTM構内にあるMJIITの建物

日本の環境哲学：ある旅行者の備忘録

　「日本の伝統は、農耕社会での協力体制の中で培われてきました。人々は、限られた土地に米を作るために協力する必要がありました。そこでは、集団のニーズが個人のニーズよりも優先されました。「調和」や「和」は、グループが円滑に効果的に事を成すように、他人の見方考え方を理解し、受け入れるということです。[1]」

　日本人は、人との関係性を大切にします。それは内的関係（家族や友達）でも外的関係（仕事や地域社会での関係）でも同じです。できるだけ丁寧な態度で、反対意見や争いごとを避けようとします。この日本人に共通する気質のため、多数意見と異なるときに自らの意見を主張しないのです。また、公共の場で他人に対して強引な態度を見せることも、めったにありません。

　「和」（英語でいう「ハーモニー」）には、3つの側面があります。まず仕事や地域社会、自然との関係における穏やかで平和的な関係を意味します。次に、集団精神や関心との適合性、そして最後に、優先順位のあり方です。個人の関心以上に、集団・家族・地域社会や自然を優先します。またこの「和」に加え、日本人は「調和」という言葉を「自然との調和」といったように使います。

　「おしん」でドラマ化されたように、日本人社会の中心にある「和」の内在化は、伝統的に家族や地域社会に組み込まれていました。「和」は、関係性や、家族構成や価値観との一致の度合いを示すもので、学校や大学にも広がります。

　様々な状況の下、「和」は昔から家族や地域社会の長の肩にかかっているのです。したがって、今日の現代社会のいろいろな場での「和」のように、昔からの階層社会は、日本の価値体系をうまく保存して融合させるために重要だったのです。組織では、会長や社長、学長や学部長などは、組織内で「和」の実践を乱す者を叱責するのです。

　「和」は、日本社会の中心をなす価値観なのです。そのような社会では、摩擦や不均衡な状態は少なくなり、組織自体の結びつきは強まり、調和とエネルギーがうまく組み合わさって安定します。そのような平穏な状態を築くには、社会の構成メンバーが一定の価値観や行動規範、実践に従う必要があります。そのような調和のとれた社会を目指すには、一定の規律や様式に従い、「気[2]」を感じ、変わり目である「節」を意識し、関係性を大切にし、忠誠を保ち、神や仏を崇

めることが必要なのです[3]。この神や仏を崇めることで、図に示したように、規範が育ち、自然の美を愛で、存在意義に感謝することができるのです。

　昔の中国に由来する「気」という概念には「目に見えないエネルギーの動き」という意味があります[5]。論争や反対、敵対的な感情は、負の「気」を生みます。一般的に日本人は、その場の「気」(エネルギーの流れ、雰囲気)に合わせることを良しとし、他の人の要求を容認するような行動をとります[6]。

　近年になって、グローバル化の波に乗り、「和」や「忠誠」というような伝統的価値観は、日本人も含めた学者や実務家から厳しく見直されています。学者は、現代的(主に西欧の)ハーモニーの解釈にもとづき、批判的な意見を述べています。彼らの主張では、価値は普遍的であり、例えば透明性、相互協力、誠実、真実、能力開発、公正さなどの価値の集積であるといいます。日本の伝統的な枠組みの中で調和を保つには、例えば、高等教育を受け、産業分野で働ける能力があっても、妻は家にいて家族を守ることを「良い」こととします。西欧の学者は、これは、能力を集積する上においては資源の無駄使いであり、その国の生産性を下げることになると議論しています。

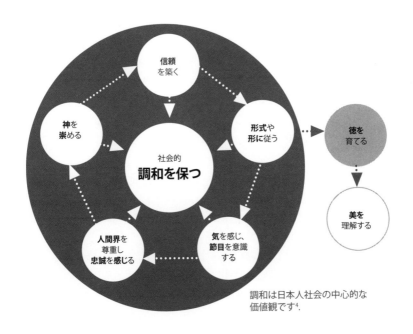

調和は日本人社会の中心的な
価値観です[4].

「日本の社会では、「和」の理解は、自然環境や建築環境の創成につながっています。

「和」の概念は、通常「本音」（本当の意見や感情）と「建前」（公の立場）の考え方と一緒に論議されます。日本の伝統的文化の中では、個人の意見と公の意見の区別を受け入れています。そのため、外国人や旅行者の多くが、日本社会を理解するのは難しいと言うのです。公の場で述べる意見は、必ずしもその人自身の意見とは限りません。しかし、多くの日本人に会った私の経験では、日本人は調和と平穏を保つために、自らを表現する暗黙の方法を知って「いいえ」と言ったり、何かを拒絶するときには、顔の表情とそれなりの言葉の組み合わせで、暗黙かつ丁寧に表現したりするのです。

　また、「和」の実践は、不適切な行為、例えば2011年のオリンパス事件に見られた「臭いものには蓋をする」という事例にも関連付けて語られます。2014年に私が参加した、ハーバード大学ビジネススクールの企業統治管理者プログラムの最中、透明性・協調性・信託というテーマで日本の企業文化について議論しました。参加者の中には日本人が数名いました。日本の文化的価値観が影響して、事実を隠すという行為は徹底的に見直されなければならないと彼らは言います。日本の光学機器大手であるオリンパスがこれまでとは異なる企業統治方法を取ったことは、注目を集めました。改めて強調しますが、協調と忠誠は、日本の文化的価値観の中核なのです。

　「2012年が近づくころ財政危機は一段落し、各企業は通常の状態を取り戻しつつありました。企業統治への監視も薄らぎつつありました。そんな2011年秋、日本で新たな金融スキャンダルが起きました。92年の歴史を持つカメラと医療光学機器で知られたオリンパスは、17　億ドルに上る損失を10年以上にわたり隠し続けていたことが徐々に明るみに出たのです。現在の経済的圧力、雇用の伸び悩み、投資家の自信喪失が世界経済を覆い始める以前のことです。この不正により、世界中で、そして日本で企業統治の方針が見直されました。そこ

では役員会の独立性が欠如し、個人の忠誠に深く根を張る企業文化が、このようなスキャンダルを露わにすることを難しくしていたのです。そうした中、内部告発を招いてしまったのです。」[7]

　企業役員会の独立性は、日本の企業文化においては、非忠誠と相対する関係と位置付けられます。役員に任命されたら、その人はその企業にできるだけ貢献するよう求められます。役員は、企業を守ると同時に自らも成長することを期待されます。これが協調と忠誠を実践することそのものなのです。

　次に、現代社会における「和」の実践は、西欧文化に晒され追従している日本の若者、特にジェネレーションYの若者を間違った方向に導くことになるかもしれません。この時代の若者たちは、自分たちの斬新性や創造性を組織に反映することに苦労することでしょう。斬新的な何かを新たに提案しても、ふさわしい方法論や上級者から支援を得るという筋を通すことが求められます。そして、上級者は、時に適性や可能性に応じてアドバイスをします。企画プロポーザル発表などの場面では、若い斬新な若者ではなく、上級者が率いるグループが浮上します。このような状況は、日本の多国籍企業、特にデジタル・公共サービス部門の企業によく見られます。伝統的「和」の考えや実践は、組織的な期待や規範を超えており、優秀な人材は不満をもつことになるかもしれません[8]。

　しかし、地域社会や組織の中で調和のとれた状況を維持することは、従業員たちの雇用者に対する貢献や忠誠心を培う重要な要素にもなります。その結果日本は、第2次世界大戦からわずか30年足らずで世界で第2の経済大国にまで成長できたのです。このような状況は、雇用の安定という形で報いられてきました。日本では通常、優秀な業績に対する評価は、集団や組織の「和」の精神を奨励するために、個人ではなく集団に与えられます。

　「和」の理解と実践は社会経済の側面だけではなく、自然保護・理解にも広がります。自然との「和」は、前向きな「気」をもたらします。この考え方は、日本庭園・建築、水の配置などに見られる安定観や静謐さへの強い憧憬を通して表現されています。

　前掲の図に示したように、社会の調和を維持することは、規範を生み、美への理解を深めます。日本社会では、高次元の倫理基準である一連の伝統的規範や行動様式は、教育制度に正式に組み込まれています。伝統的規範は、一般的かつ普遍的な要素として受け入れられてきました。例えば、協調・謙譲・道徳・正しさ・倫理・尊厳・高潔・名誉・清廉潔白・実直・品位・敬意・気高さ・信頼などです。日本の教育制度は、文化的価値と規範を現代社会に取り込むことができる世代を育てる上で非常に効果的であると言われています。

　このような考え方は、日本の自然環境と建築環境にしっかりと取り入れられています。「美しさ」が分かるということは、単に美的外観を愛でるだけではありません。それは、自然現象の理解や環境の持続可能性にまで及びます。第4章で述べたように、「神」という考え方は、日本人に自制の精神的枠組を育みました。それは、自然をもとにした生活で、山々や岩、川、樹木に宿ると言われる超自然的霊に見守られているという意識を持つことです。多くの日本人は、儀式を行い、祈りを捧げるという意味では信心深いとは言えないかもしれませんが、「神」の考え方は日本人にとって、「人と人」「人と自然」の関係において人間的思考を超えるために用意された無意識の意識かもしれません。「神」が存在するという意識があるから、日本人は慣習や伝統を尊重し、規則や法律を守るのでしょう。多くの日本人は、今でも浄化や自然調和といった審美的意識をもち、神道を部分的に実践しています。

　日本人社会において、「和」への理解は、自然環境や建築環境に反映されます。それは、前向きな「気」の感覚を呼び覚まし、環境の持続可能性へと繋がる規範を実行する転換点である「節」へと体制を整えます。要約すると、「和」はいろいろな方法で観たり、感じたり、体験したりすることができます。したがって「和」は、庭園、建築、水など、日本の生態系に洗練された形で深く入り込んでいるのです。

　日本庭園は、日本の哲学的・審美的価値観が際立つように設計されています。庭園を構成する要素は、ほとんどが自然に存在する素材です。また、庭園の規模はヨーロッパの庭と違って、比較的小さなものです。

64

　　1986年に松山市の二神家に滞在中、家の方々が敷地内の小さな庭を熱心に手入れしていたことが今でも印象に残っています。その庭は日本の標準よりも少し大きいもので、家とほぼ同じくらいでした。樹木は丁寧に剪定され、2階建ての家よりも高く育っており、その庭がとても大切にされていることがよく分かりました。

街中で生態系を楽しむことができる小川（宇都宮）

　　最初の訪問から30年以上にわたり、私は何度も日本を訪れました。そのたびに、数々の日本庭園を見て回りました。その中のいくつかは主要都市の街中にあり、私が宿泊したホテル近くの通りの角にもありました。また地方都市では、とてもユニークな設計の庭園も見ました。総じて日本庭園は、自然の地形をもとにしていると言えるでしょう。

　　「築山（人工的に作った小さな丘）にしろ、平庭（平坦な庭）にしろ、いずれも独特な様相です。「築山」には丘や池があり、「平庭」は谷や沼地に見立てた設計になっています。また、「築山」には「平庭」のような部分もあります。いずれのタイプにしても、前述の3要素が含まれています。小山風の庭には、小川あるいは池を配置するのが常ですが、それにも独特のバリエーションがあります。枯山水では、岩が据えられた滝とその流域を表すように配置され、湾曲した川や池は、小石や砂を使い、季節により枯れた山や川を象徴するように配置されます。」[9]

　　また、使用される庭の素材や要素によって分類されることもあります。

　　「・・・そのほかのスタイルとしては、「泉庭」、「森泉」、平坦な庭の「文人」、簡素で小さな庭を表現した「盆栽」などがあります。茶園や露地なども特徴ある庭で、茶道が求める条件に沿って生まれました。「玄関先」は常に特別な場所と言われます。少し曲がった小道は、家屋の前面をほどよく覆いつつ、その家を特徴づけています・・・」[10]

　これまでの私の観察にもとづいていえば、日本の庭園には4つの特徴をもちます。それらは、自然と「和」の概念とが結びついているように見られます。つまり、(a) 常緑樹、(b) 鯉、厳密には錦鯉、(c) 水景観、主に滝・泉・小川・橋・小石、(d) 簡素、非対称性、小型化です。

　常緑樹は1年を通して、季節を問わず緑の背景を庭に作り上げています。緑は生命・自然・再生・そしてエネルギーの色です。また、緑は調和・新鮮・成長そして持続可能性の感性を示すものです。日本人にとって、緑は癒しの要素と静謐を表しています。また、「緑は、日本の伝統文化においては、肥沃と成長の象徴です。自然の色を表す日本語の「みどり」は、植生を示す言葉でもあります。さらに、緑は若さや生命力、そして成長するエネルギーを象徴する色でもあります。常緑樹は葉を落とさず、成長を止めません。ですから「グリーン」は永遠をも意味します。このような緑を家の中に置くことで、内部に自然の感性を加えます[11]。」

　鯉は、日本人の心の中では、繁栄や運、幸運などと関連する象徴的な意味があります。また鯉は、日本の国としてのアイデンティティとも言われています。

　水を配した庭、特に「泉庭」や「森泉」は、その他の要素や素材と調和がとれるよう設計されています。日本庭園は、現実の生態系を再現したものであり、あらゆる生命の源である水を、質・量ともに豊かに配置するのです。

　日本庭園で表現される質素な様子は、禅仏教の精神から概念的に取り入れられています。その大きさは、本物の自然を理想化して凝縮したものです。池は海や池を表し、岩は山や島を象徴しています。

典型的な「森泉」庭園

　「和」の概念は、日本建築においては最も重要な要素です。様々な天候の変化に耐える簡素さや機能性、順応性があります。また「和」は、地元に根ざした「精霊信仰」とも調和しています。

「・・・霊的領域は自然の中に具現化されています。岩や岩盤、滝、節くれだった古い樹木などは霊が宿る場所として捉えられ、精霊の化身であると理解されています。このような信仰形態は、自然に超自然的な資質を与えます。そして、自然の中に普遍的慈愛への信頼が生まれ、時空を超える精神世界との緊密な関係領域を育みます。四季の巡りは、私たちに教え諭すかのように展開します。例えば不変性や超自然的完全性は、自然の法則から外れています。全ての生命は誕生・結実・死・崩壊のサイクルに支配されていると理解されています。外から来た仏教の無常という考え方は、自然の中に教えを求める先住的思考と融合してきたのです[12]」

栃木県宇都宮の利根川上流を訪問

美的価値観は、自然の素材や形を使うことで守られてきました。西欧（および近代）建築の哲学や技術の影響があったにも関わらず、日本の建築は木材構造とインテリア、自然樹木の色、引き戸（襖）や瓦屋根、藁葺屋根を使うことで引き継がれてきました。

自然と同様に、「和」は日本建築の重要な要素です。建築哲学・概念およびその技術一つ一つが生態系と重なり合うのです。

中国式寺院設計の対称性は、丘や山岳地域の地形の輪郭に沿う非対称的配置に変わってきました。構造物と自然界との間の既存境界線は、意図的に目立たないように設けられています。他の要素としては、長い縁側や何枚もの襖などで、そこから自然の景観が一望できます。それは本物そっくりの自然というよりは、慎重に構成され組み立てられた自然の景観です。この完璧に作られた芸術や設計は、風雨にさらされず建設された状態のままを保っていますが、時にそれは遠く、冷たく、グロテスクだという評価もあります。この感覚は、日本の宗教図像でも明らかです。仏教世

67

日本人の間では、「和」は、社会調和と自然との関係性を保つよう、子供の頃から教えられるものです。なかでも砂防は、美的価値観を含む様々な環境要素との「和」のあり方を体現しています。

界における秩序に即した階層の中に見られる神聖な宇宙論は、まず中国土着の宮廷制度を生み出し、その中国から日本に伝わったのです。[15]

　「和」の概念は、日本の生態系の中に取り入れられてきました。それは、水に関係する場所、なかでも「砂防」建設に見ることができます。「砂防」ダムを英語にすると、check dam もしくはdebris dam という言葉が見つかるでしょう。機能としては、河川上流の岩石などの流出を抑える役目があります。砂防ダムにはいろいろな種類がありますが、主なものとしては、保水構造物で堆積物を貯留させて制御するものです。地震が頻発し、火山活動が活発な日本では、砂防ダムはなくてはならないものです。砂防ダムは、過剰堆積物が下流に流れ出る影響を抑制します。特に、雨季に発生する地震や火山噴火後に必要になります。

　「砂防」の文字通りの意味は、「砂を防ぐ」です。また、通常「砂防工事」という言葉は、「山岳地域における防止システムの建設」を指します。初期の砂防工事は、17世紀もしくは18世紀頃に行われていました。19世紀後半から20世紀前半には、数多くの砂防工事が外国人技術者とヨーロッパで学んだ日本人技術者の指導の下で行われました[16]。

　私は、2017年3月、浅沼順教授と甲斐田直子准教授に同行して日光の山間部にある砂防ダムを訪れました。そこで私は、砂防ダムの機能である保護システムを見学するとともに、その下流では澄みきった水が流れているのを目の当たりにしました。また、生態系のエコロジカルな部分と近代構造物が、「和」の感覚を取り入れながら、うまく調和していることが見られました。

　砂防の構造物は、土壌崩壊を制御する自然の機能に倣って作られています。砂防は、機械的な構造で作られてはいません。日本の砂防ダムは、堆積物が下流の河川域に流出することを防ぐとともに、環境破壊リスクを軽減するように建設されます。

　日本人の中では「和」は、社会的調和と自然との関係性を保つように子供の頃から教えられるものです。とりわけ「砂防」は、美的価値観を含めて、多様な環境要素との「和」のあり方を体現しています。

日本の上流河川域における砂防構造の種類[13]

　「日本では、山間部の保護システムや「砂防ダム」はどこでも見られる光景です。砂防ダムにはいろいろな種類があります。例えば、縦型壁ダム、浸透式ダム、スリット型ダム、管状格子構造などです。これまでの経験から、優れた設計というのは、広範囲の集水域・水文学・地形学・水力学・環境工学・美観をすべて組み合わせた設計であることが分かりました。このようなシステムを設計するには、短期的・狭心的・政治的な「理由付け」とは完全に切り離して、長期的な計画とうまく組み合わせなければいけません。」[18]

堆積物の制止

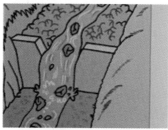

堆積物コントロール

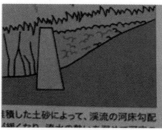

河川床の土砂崩れ防止

河川床の瓦解防止

日本の河川の上流にある砂防は、水の流れを保ち、堆積物を管理し、河川敷の土砂崩れを防ぎ、河川の安定を保つための構造物です[14]。

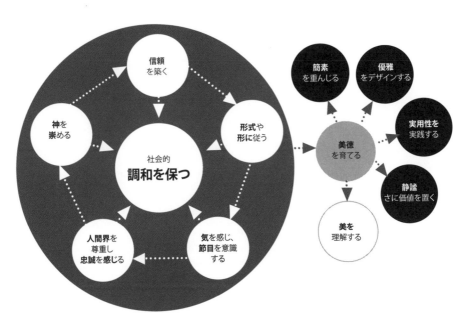

日本社会における主な価値としての調和や美徳が、あらゆる所に
美・簡素・優雅・実用性・静謐さをもたらす[17]

　「和」を取り入れることで、美的価値観を備えた一連の美徳が醸成されてき
ました。これまでの私の日本での観察や日本の友人たちと何回も重ねてきた議
論から、私は前掲の山久瀬(2012)の図(P.61)に、簡素・優雅・こだわり・静謐・
美の要素を加えることを提案します。上の図に示した5つの要素は、「和」を抽象
的な概念から物理的かつ実質的な日常生活に落とし込めるよう補完するもの
です。人間関係性という側面を超えた「和」をうまく表現しているのではないで
しょうか。

（門前の小僧習わぬ経を読む）

意味：

よい環境に身を置けば、人は自然とものごとに習熟する

第六章

「生きがい」

レゾン・デートル

「継続は力なり」
日本の諺

「**先**生、おいくつですか?」これが杉浦則夫先生お会いした時に私が投げかける挨拶でした。先生と気軽な会話や真剣な話を始める前に、私はいつもそう尋ねます。見かけよりもお若く見えますが、2013年に65歳で筑波大学から正式に退任なさいました。杉浦先生は、水質研究分野で優れた教授として素晴らしい研究をされてきました。先生の専門は湖水管理・水処理・亜臨界酸化作用・汚染管理で、その業績は世界で認められています。先生がこれまで苦労しながら達成した研究成果は、商業製品やサービスとして取り入れられています。また、40年以上にわたり研究チームを指導し、水質管理・システム工学において斬新な発明やイノベーションを成し遂げてきました。

2018年11月に杉浦先生が70歳にしてマレーシア・日本国際工科院(MJIIT)の副院長に就任された日にUTMクアラルンプールキャンパスでお会いした時も、まだまだ健康闊達でいらっしゃいました。

杉浦則夫先生は、「生きがい」として環境教育と学術仲間への貢献に強い情熱をお持ちです。

日本人は総じて長生きです。日本では、歳をとることには深い意味があります。一般的に、高齢者は敬われ大切にされます。年齢を重ねるということは、高齢になり熟練し、経験を重ね、知識が増え賢くなるということです。年長者は年少者より上の立場にあるという「先輩後輩」文化があります。先輩(上級生)・後輩(下級生)という言葉は、様々な場面で暗黙の上下関係を

表す言葉として使われています。後輩は、年上である先輩の知識や経験に敬意を払うのです。[1]

　この20年間、日本人の寿命は世界で1番長く、しかも最も健康です。世界保健機構（WHO）が公表した2016年の国際比較データをみると、日本人の平均寿命は男性で81.1歳、女性は87.1歳です（全体平均寿命84.2歳）。マレーシア、スウェーデン、アメリカでは、男女それぞれ、73.2歳、77.6歳（平均75.3歳）、80.6歳、84.1歳（平均82.4歳）、76.0歳、81.0歳（平均78.5歳）です[2]。一方で、日本の自殺率は10万人あたり18.5人と比較的高い数字を示しています（韓国が最も高くて26.9、フランス17.7、スイス17.2、アメリカ15.3、フィンランド15.9、スウェーデン14.8、シンガポール9.9で、マレーシアは5.5です）。

　日本の人口は、2008年に1億2,800万でピークを迎え、2000-2010年の10年間の安定推移後、変化し始めています。2011年には人口減少が始まり、2014年には人口の33%が60歳以上、25.9%が65歳以上、12.5%が75歳以上となりました。このような推移からすると、2050年までには65歳以上が人口の3分の1を占めるようになるでしょう。[3]

　また、他の工業国と同じように日本は第2次世界大戦後の1947-1949年にベビーブームを迎えました。1947年時点での女性1人あたりの出産率は4.54でしたが、早くも1957年には2.04に下がりました[5]。そして、現在、人工中絶の合法化

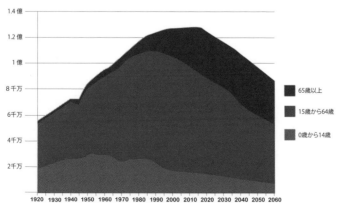

1920 年から2010年までの人口推移、および2060年までの人口推移の予測[4]

と低出産率が日本の人口構成に深刻な影響を与えています。高齢者人口増加の主な原因は、長寿命化と低出産率です。このような状況が続くと、日本の人口は2014年時点の1億2,700万人から2040年までには16%減少して1億700万人となり、2050年には24%減少して9,700万人になると言われています。Muramatsu ＆ Akiyama（2011）の調査によると、2005年に1億2,700万人（実数）であった日本の人口は、2030年には1億1,500万人になると予測しています。また、労働人口（15歳から64歳）に対する65歳以上の高齢者の割合は、これまで急速に伸びてきました。これまで65歳1人を支える労働人口は1960年では11.2人、2009年では2.9人でしたが、2030年になると2人になるという状況が生まれます[6]。

日本に見られる人口構成の変遷は、働く女性の割合と比例しています。多くの女性が婚期を遅らせ（1990年代は20代後半、2010年代では30代）、独身のままで過ごし、子供を持ちません。結婚している夫婦でも、ワークライフバランスや働く女性が子供を産み育てる社会的支援の不足から、出生率が下がっています。1990年以降、全国の出生率は減少し続け（2009年で1.37）、人口を維持する率を下回りました[7]。

統計的数字から、日本人は他の国々に比べて長寿ですが、それには理由がいくつかあります。たとえば、遺伝子的要因、ライフタイルや健康管理法などでしょう。日本では一般的に、歳をとってもみな積極的で創造的な生活しています。年齢を重ねることにあまり影響されず、労働や社会に貢献することに積極的です。

なぜ日本人は他国の人々に比べて長生きなのでしょう？

「マレーシアの首相、マハティールさんは多くの日本人より長生きしていますよ」と杉浦先生は言います。

「そうですが、マレーシア人の平均寿命は、日本人よりも9年短いんです。」私は話の焦点を、特定の例ではなく一般的な日本人の寿命に絞りました。

「日本人は整った生活を送り、健康管理に気をつけます。そういう人々は幸せな人生を送っています。おそらく生きがいをもっているのでしょうね。」

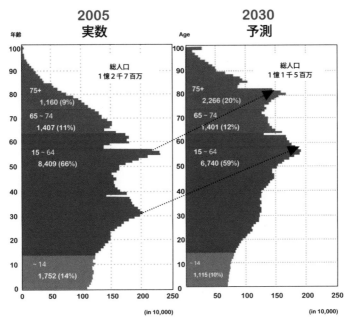

2005年及び2030年の人口ピラミッド
注：2005年のデータは国勢調査結果に基づく。2030年のデータは中期予測8

　杉浦先生とお話することで、私は日本人の健康管理、雇用、ライフスタイルに関する生き方がよくわかってきました。日本での生活は、楽ではありません。人口1000人あたりの国土面積は2008年で2.94平方キロメートルと決して大きいとは言えません（シンガポール0.148，　オランダ2.04、ドイツ4.24、イギリス3.96、イタリア5.06、スイス5.25、デンマーク7.73、インドネシア7.69、マレーシア13、アメリカ30.16、スウェーデン45.43、ロシア120.79、カナダ273.8、オーストラリア362.63）9。

　加えて、日本は厳しい気象条件や地震などに晒されています。遠くから見てみると、日本はとてもストレスを感じる国のように思えます。人々は小さなアパートに住み、満員電車に揺られて遠い仕事場に通い、夜遅くまで働いています。

　杉浦先生は、2013年に65歳で筑波大学を退職後、人生を楽しんでいらっしゃるようです。彼もまた、退職後の第2の人生を生きている多くの日本人の1人です。国立大学の元教授たちは、退職後、私立大学で研究教育に携わったり、コンサルタント会社などで第2の人生に挑戦したりしています。このようなキャリア変遷は、長年続いてきました。退職後の先生たちが受け取る給与は、退職前に比べてかなり低くなりますが、額は大きな問題ではないそうです。例えば寺島先生は京都大学を退職なさった後に大阪産業大学の職に就き、彼の後輩の尾崎教授も同様です。

　さらに、60歳で定年を迎える公務員は、その後民間企業や第3セクター機関等に職を得ます。なかには私立大学の職に就く方もいます。元駐マレーシア日本大使の堀江正彦氏は、明治大学に職を得て、UTMの客員教授となっています。加藤重治氏は、2017年12月に文部科学省を退官後、理化学研究所の執行役員に就きました。ハーバード大学ケネディスクールを卒業した加藤さんは、マレーシア・日本国際工科院（MJIIT）が始まった当初、マレーシアとの関係構築に尽力くださいました。

　大学を退職した教授や専門家と退職後の生き方について色々と話をしたほかにも、政策関係者や学者、日本の主要メディアによる議論や学術記事なども調べてみると、沖縄が浮かび上がってきました。とても興味深く感じたのは、2015年に日本の厚生労働省が、沖縄県北中城村の女性の平均寿命が89.0歳で3年連続世界最高であると発表したことです[10]。

　総じて、日本人が長寿であるのは次の5つの要因が関係しているように思います。

- ▶ よい栄養状態
- ▶ 高度な医療・医薬技術による低疾病率
- ▶ 生活環境の向上
- ▶ 能動的なライフスタイル
- ▶ 生きがい精神

　最初の3つは、杉浦先生がおっしゃったように、第2次
世界大戦後の30年間における復興・発展による生活の
質や福祉の向上が関係していると思います。外国人は
みんな、日本人が栄養のことをとても気にかけて生活し
ていると感じています。日本人は、それぞれの健康を保
つほどほどの食事をしているのです。子供たちは、文部科学省の基準に沿った
給食を学校でとります。この学校給食は、毎日の生活で子供たちが必要とする
栄養素を取り入れた食事内容になっています。また週末などに出かける時は、
日本人は当たり前のように、栄養バランスのよいお弁当を用意して出かけます。

日本の学校で、給食を配膳する子供たち

厚生労働省は、どのような食事をとるべ
きかを図を使って説明しています。日本
人はこのような情報提供を通じて、口に
入れる食べ物の栄養から作られる健康
な体についての科学的根拠や事実を
理解するのです。何を食べるか選ぶと
き、たいてい私たちは、栄養的に優れて
いるかより、好きか嫌いかで判断しがち
です。日本の食品ピラミッドは、健康なラ
イフスタイルのための食品構成群を詳細に示しています[11]。また、この食品ピラ
ミッドでは、健康的な食事だけでなく、能動的なライフスタイルや積極的に体を動
かすことも勧めています。

　最近、書籍や記事、テレビドキュメンタリーなどが沖縄の食生活に注目して
います。沖縄の食事には、黄色、オレンジ色、緑色の野菜が多く使われていま
す。沖縄の人は、穀物よりも紫芋をたくさん食べるようです。また、肉・乳製品や魚
介類より大豆やマメ科植物を多くとります。沖縄の食生活をしている人は、そうで
ない人に比べて砂糖と穀物の摂取がそれぞれ30％、15％低いとも言われてい
ます[13]。

　また、そのような食事内容に加えて、日本人のライフスタイルはとても能動的
で、スポーツなど特別な運動をしなくても体をよく動かします。日本人が健康的
な生活を送っているのには、少なくとも次の4つの要因が関わっています。

日本の食品群ピラミッド
バランスの良い食事を摂っていますか？

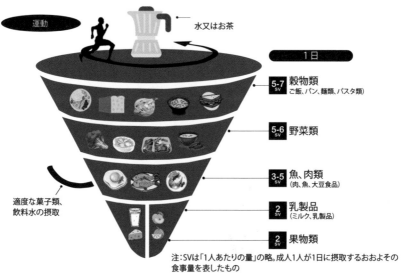

運動

水又はお茶

1日

5-7 SV　穀物類
ご飯、パン、麺類、パスタ類）

5-6 SV　野菜類

3-5 SV　魚、肉類
（肉、魚、大豆食品）

2 SV　乳製品
（ミルク、乳製品）

2 SV　果物類

適度な菓子類、飲料水の摂取

注：SVは「1人あたりの量」の略。成人1人が1日に摂取するおおよその食事量を表したもの

日本の食品群ピラミッド[12]

　まず、日本の労働環境にいると自ずと、立つ・歩くという行動にかなりの時間を費やすことになります。まず、1日は朝早くに始まり、公共交通機関を使って通勤します。徒歩か自転車で最寄りの駅やバス停に行き、そこからは、座席が空いていないので乗車中はたいてい立ったままです。そして、降車駅に到着後、職場まで歩きます。その日の終わりには、天気がどうであろうと、同じ道のりで家路につくのです。

　日本の学校に通う児童はほぼみんな、何かしらのスポーツ活動に参加していると言ってよいでしょう。水泳は、プール設備のない学校を除いて必須授業になっています。学校では、安全に「水泳」を学習させるだけでなく、外で「水遊び」をする際の安全注意事項も教えています。このような取り組みのおかげで、日本人には、活発な生活を送るための基本的な学習・意識構造が備わっているのでしょう。

「生きがい」「レゾン・デートル」

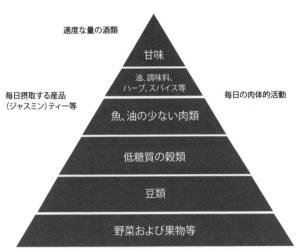

沖縄式の食事は、低カロリー、栄養価が高く、抗酸化の食事が主体となっている。
低糖質の食事が中心となっている[14]。

第3に、運動があらゆる場面でうまく取り入れられていることです。日本人は週末や休日に、美術館に行ったり、マラソンに参加したり、登山したり、古道を走ったり、スキューバダイビングに行ったり、いろいろな場所に出かけます。日本人は、「おまかせ観光」や「食べまくるだけ」という受け身な行動はあまりしないようです。

第4に、日本の医療費は高額です。ほとんどの国民に国民保険が適用されますが、それでも患者は医療費の30％を払わなければなりません。民間保険料も、場合によっては運動習慣のない人、肥満、喫煙者には高い設定になっています。ですから、たいていの日本人は、慢性的な病気にならないように気をつけながら健康的な生活を送るのです。

「生きがい」は自ら見つけるものです。「生きがい」を見つける旅は、人生をより面白く、意味深く、多彩なものにします。

　積極的なライフスタイルを送れば、健康で長生きできます。健康で長生きできれば、幸福感が生まれ、存在意義を見つける旅へと気持ちが動きます。これこそが、日本人にとっての「生きがい」なのです。グラシアとミラレスは次のように記しています。

　「『常に忙しいことが幸せ』とでも解釈できるこの日本的考え方はロゴセラピーみたいなものですが、別の見方もあります。常に忙しくしていることは、日本が長寿国であることの理由の1つでもあります。なかでも沖縄は、100歳以上の高齢者数が100万人あたり24.55人という数字があります。これは世界平均を大きく上回る数字です。[15]」

　意識しようがしまいが、「生きがい」はみんなが持っているものです。なかには、よりよい「生きがい」を求めている人もいます。本来的に、「生きがい」は日本人にとって、満足や幸福、意味のある人生を目指す精神的な支えとなっているのです。人生において、意味のあることに時間や労力を割くには、使命感や熱意、専門性が伴います。

　基本的に、「生きがい」には4つの要素があり、それを融合することで、生きることへの意味を見出すことができます。その要素とは、使命感（世界が何を必要としているか）・熱意（何が好きか）・仕事（何でお金が得られるか）そして専門性（何が得意か）です。「生きがい」は、この4つの要素がバランスよく存在している状態なのです。使命感や熱意があっても、専門性や仕事がなくては喜びや充実感は得られないでしょう。また、人生を豊かにする健康も手に入

生きがいは大きな展望、気高い使命感そして純粋な熱意の源となります。

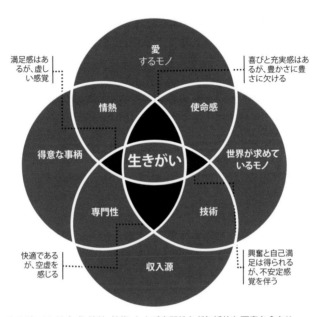

生きがいは、使命感、情熱、技術、および専門性など包括的な要素を含む[16]

りません。熱意や専門性があっても使命感や仕事なくして満足は得られません
し、不能感しか生まれないでしょう。専門性や仕事があれば快適な生活環境は
得られるかもしれませんが、精神的な指針がないために空虚感が生まれるかも
しれません。また、仕事や使命感だけだと、面白さや自己満足は得られるかもし
れませんが、人生で最も大切なことを達成できないために、不確かな感覚に陥
ることでしょう。

　「生きがい」は、見つけ出さなければ見つかりません。「生きがい」を見つけ
る旅は、人生をより面白くし、意味深い彩りを添えることでしょう。そして「生きが
い」を発見することで、人生が充実して幸福感が増し、それが持続可能性や人
生に深い意味をもたらします。それが長寿に繋がるのでしょう。

　「生きがい」は、広い世界観と高貴な使命感、洗練された熱意を持つ理由に
もなります。また、「生きがい」は仕事や専門性における成長を後押しします。人
は、単にお金や名声や権力などを求めるだけでは、そのうち満足しなくなります。
「生きがい」によって、日本人は人生における意味を見出すのです。

　「『生きがい』は伝統的な考え方で、日本人として、よく働きまた謙虚であるための源であると言えます。」と筑波大学生命環境系の前系長である白岩善博教授は言います。

　そこで、私は「すべての日本人がその生きがいの考え方をちゃんと理解しているのでしょうか？」と尋ねました。

　「もちろん。日本人はそれを、両親や年長者から学びます。学校で学ぶわけではないんです。」と白岩教授は、自信をもって答えるのです。

　事実日本人は、「生きがい」について考えることで、自然保護や環境の持続可能性に貢献するよう教え込まれます。日本人が清潔や整理整頓を好み、積極的な態度や慣習、行動するその裏には、生活に緑を取り入れ、生きがいを考えることが土台になっていると言えます。このことは、環境研究における日本学術界のすばらしさや、環境製品や環境サービス等を提供する産業分野によく表れています。

　気候変動に立ち向かう強い使命感、自然保護に対する熱意、適切な知識や技術において新しい発見をしようとする専門性、そして環境の持続可能性をより高めようとする高い職業意識を日本人は大切にします。

　時に、本当の「生きがい」見つけてそれをやり遂げるために、犠牲を払ったり難しい選択をしたりしなければならないことがあります。とりわけ、私が日本の学術世界で出会った女性たちには、そのようなことがよく見受けられました。なかには、自らの専門性や仕事と、結婚して母親になることのどちらかを選ばなければならない人もいました。なかには、結婚して子供を産まず、ダブルインカム（DINKS）を選ぶ人もいました。日本の現代女性の役割については、今村18が丁寧に論じています。

「生きがい」「レゾン・デートル」

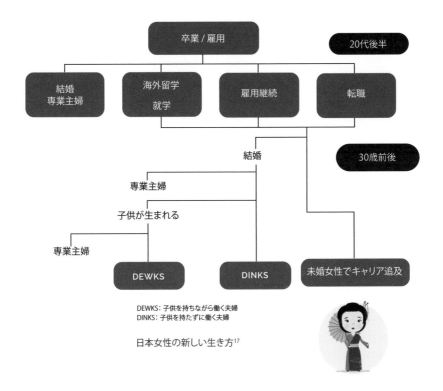

DEWKS: 子供を持ちながら働く夫婦
DINKS: 子供を持たずに働く夫婦

日本女性の新しい生き方[17]

　高学歴の日本女性が、「生きがい」を学術世界に見出すことはよく見られます。研究者、特に旧帝大を卒業したような人々は、終身雇用の職に就く前にポスドク研究者として何年か経験を積みます。既婚の女性研究者は、男性優先社会で生き抜くのはとても大変だと思います。ですから、女性研究者の中には、自らの専門性と仕事に重点を置き、DINKSを選ぶ人たちがいます。彼女たちの使命感と熱意は、学術世界での自分の貢献と幸福感に昇華されるのでしょう。

　「生きがい」は、日本人に人生の方向性と意義をもたらし、地域や世界全体の環境持続可能性をより良い方向に導くことができます。「生きがい」は学校教育として正式に教えられているわけではありませんが、「生きがい」を通じて日本人は、他者や自然に対する自らの役割と責任を自覚するのです。

第七章

「もったいない」
無駄にしない、まだ使える

「行為なき理想は白昼夢であり理想なき行為は悪夢である」

日本の諺

滋賀出身の松下潤先生は、典型的な日本人ではないかもしれませんが、率直で機智にあふれた、とても親切な方です。松下先生は話すことがとてもお好きで、彼が熱心になっていることに関しては、時に頑固なまでに真剣に勧めます。「もったいない」は、彼の好きな言葉の1つです。日本の環境に関する哲学や政策、管理方法を理解する上での「もったいない」の考え方やその意味について、とても熱心に語ってくれます。

「日本語の『もったいない』は、無駄にしないという意味で、エネルギーや材料、お金やその他の資源を無駄にしないということです。それが『もったいない』！」私が説明を求めたり質問したりしたくても途中で口を挟むことができないくらい、彼はとても熱心に語ります。

「もったいない」は日本の環境取り組みを体現したような言葉で、日本人の感情やライフスタイルの一部として受け入れられています。「もったいない」という表現の精神は、資源の無駄使い、不必要な使い方、お金・資源・才能を含めた無駄使いに対して後悔の気持ちを伝える言葉なのです。よく日本人が「もったいない！」と叫ぶのは、英語でいうと、"What a waste!"（なんと無駄なことを！）といったところでしょう。

「もったいない」はまた、「無駄にするな」という風にも使います。「もったいない」という言葉の語源は13世紀にまで遡ることができます。またこの言葉は、悩みや妨害、不正を示唆する昔話の中にも出てきます[1]。

　環境管理や持続可能性の議論では、日本人は「もったいない」精神を3R運動（"Reduce（減らす）"、"Reuse（再利用する）"、"Recycle（リサイクルする）"）と関連付けてきました。

　3Rは「もったいない」精神の一部ではありますが、「もったいない」は、3Rより広い意味を持ちます。松下先生が言うには、「もったいない」は何世紀も昔から、日本人の生活に幅広い意味をもたらしているのだそうです。私は、この考え方と意味するところをしっかりと理解するようにと言われました。

　私が初めて「もったいない」という言葉を耳にしたのは、2000年に東京大学を訪問した際でした。この時の訪問は、同大学の都市工学部水環境研究チーム長であった松尾教授が受け入れてくれました。松尾教授は、私がニューカッスル大学に在学していた時の教授（1989-1990年に私が執筆した修士論文研究の指導教授）であるWarren Pescod（ウォーレン・ペスコッド）教授の友人でした。松尾先生は、最新の微生物生態学に関する特別セミナーに私を招いてくれました。各国からの参加者に向けて30分間でUTMでの私の研究成果と研究計画を発表する機会が与えられました。松尾先生は、ゼロエミッションや下水汚泥の再利用に関する日本の政策について検討しているときに、「もったいない」という言葉を使います。その時以来、私は「もったいない」の考え方をもっと理解し、エコソフィについての日本のあり方を関連付けようとしてきました。

　「もったいない」という言葉は、2015年に松下先生と松井先生がクアラルンプールで低炭素社会構築とゼロエミッションについて討論している際にも語られました。両教授は、環境工学に関する講義をMJIITで行うために滞在していらっしゃいました。予想通り、松下先生は「もったいない」哲学、「もったいない」技術、「もったいない」政策、「もったいない」社会の考え方を熱く語りました。全てに「もったいない」という接頭語を付けて。

2018年11月、中央大学にて客員教授の
松下潤先生と共に

「もったいない」
は、不良ゼロ・ジャストイン
タイム方式からでも理解できま
す。つまり、製造業分野の生産ライ
ンを最大限有効に使おうという考え
方です。ジャストインタイムは、時間
厳守の考え方に似ていますが、よ
り構造化された工業生産枠
組みを指します。

　最近になって「もったいない」は、環境持続可能性に価値を見出すライフス
タイルを奨励する言葉としても使われるようになりました。多くのイベント、プロモ
ーションやブランドにも「もったいない」をキャッチフレーズとして使うこともありま
した。MOTTAINAIというライフスタイルブランドまでが、国際市場に登場して
きました。そこでは、日本の毎日新聞や伊藤忠商事などがリサイクル社会を推
進しています。ライフスタイルブランドは、環境での3Rのいう「削減」「再利用」「リ
サイクル」に、代替できず元に戻せないことを意味する"Respect"（尊重・尊敬す
る）を組み合わせて「もったいない」の考え方を推進しています。

MOTTAINAI
ライフスタイル
のブランドとし
ての「もったい
ない」

　実際、私も松下先生から多くのことを学びました。日本の歴史
や政策だけではなく、日本人社会、公的機関や企業のなかで、
大昔から現代にいたるまで「もったいない」がどのように生まれ、
実践されてきたのかを学びました。このような充実した講義に加
えて、「もったいない」に関する書籍や日本の環境に関する歴史

的考察の長い一覧表を下さいました。また先生は、私がしかるべき文献を手に入れたかどうかを確認するために電話をくださり、これまでも検討し話し合ってきたいくつかの課題について電話でも話をしました。「もったいない」精神を教えようとする彼の意気込みは本当に素晴らしいものです。日本人にとって「もったいない」は、人類や環境の持続可能性に対する支えとなるでしょう。佐藤（2017）[2]が示すように、「『もったいない』精神は、神道や仏教が日本社会の考え方や日常生活に大きな影響を与え始めた頃まで遡れます。江戸時代（1600-1868）は鎖国下の限られた国内資源で生き残らなければならず、『もったいない』は行動規範としてその時代にすでに確立していました。」と先生は教えてくれました。また、佐藤[2]はこうも述べています。

　「仏教と日本土着信仰である神道は、日本人の精神にしみついており、人知を超越した世界もまた日常に溶け込んでいて生活の一部となっています。日本人の世界観では、自然界のあらゆるものは霊により生まれ、複雑に絡み合っています。そのなかで人は互いに依存し、生きとし生けるものはこの無常の中で繋がっているのです。「もったいない」精神に、この世界観に内在する霊魂を垣間見ることができるのです。「もったいない」は、われわれが持つ人間中心的なツァイトガイスト（時代精神）とは相反する考え方であり、人間中心的な考え方では、外面では環境危機を訴えながら、実際には他を排除して、コミュニケーション技術などを通じて社会的相互関係のもとに固定化することにほかならないのです[2]。」

　熱心な研究者である松下先生は、私が最も尊敬する日本人の2つの気質を示してくれました。それは、第2次世界大戦後の「生きがい」と「不屈の忍耐力」です。京都大学で学士号と修士号を取得し、東京大学で博士号を取得した松下先生の科学的探究に対する情熱は尽きません。先生の仕事用バッグは、本や機器、文房具などがつまった「小さなオフィス」なのです。先生は本をたくさん読み、教え、話しあうことを楽しんでいます。近年、先生は最新の多目的亜臨界水技術を活用したリサイクル社会の構築に力を注いでいます。亜臨界水技術は、各種有機廃棄物を比較的少ない電力で加水分解する技術です。この技術開発・普及のため、日本や海外各地、特にマレーシア、台湾、インドネシア、中国の研究仲間に会いに行っています。仲間とのミーティングは、先生にとっては、斬新で創造的な科学的構想を思い

日本の環境哲学：ある旅行者の備忘録

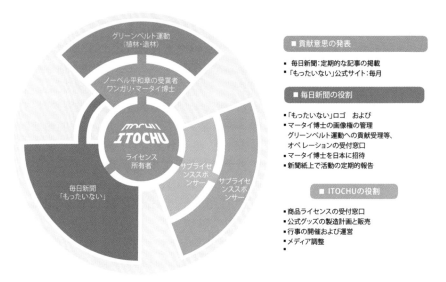

「もったいない」ライフスタイル・ブランドのビジネス企画[3]

っきり語り尽くす場でもあります。芝浦工業大学を退職なさった後、先生は66歳で中央大学の教授に就任されました。研究開発が先生の主な仕事であり、「もったいない」は彼の研究哲学の中心的テーマであり続けたのです！つまり、才能と研究経験を無駄にせず世界に貢献するという、広い意味での「もったいない」研究の実践です。

　加えて、1948年生まれの松下先生は、ベビーブーム時代の気質を持ち合わせています。それは、日本の第2次世界大戦後のベビーブーム世代に共通する気質であり、先生は日本の伝統的文化や価値観に誇りを持っています。日本には、人間らしさや持続可能性について確固たる基盤があります。松下先生は、宗教教育を受けて育ったわけではありませんが、宗教的価値観を大切にしています。70歳になった今、若い時よりもより宗教的な考えを持ち実践しているとおっしゃいます。

　2018年11月にお会いした際、松井先生も中央大学の松下先生のオフィスにお越しになり、3人で私の考えや日本のエコソフィについて話をしました。松下先生、松井先生のお二人は、私の考える「神」や「改善」についてとても関心を持ってくださいました。加えて、「もったいない」は、日本人の気質や環境管理システムを理解する上で大変重要な考え方であると、再度教えて下さいました。

　長い話の最後に松下先生は、「もったいない」を忘れないように、と私におっしゃいました。

　その他の日本の考え方とは異なり、「もったいない」と「改善」は、言外に大きな意味を持ちます。「改善」は生活全般、特に工業・商業活動の場における継続的な向上を意味します。特にトヨタは、「改善」を基にしたトヨタ式生産方式（TPS）を生み出しました。「改善」過程には、自働化（不良ゼロ）、ジャストインタイム、ムダどり（無駄を失くす）、の3つの要素があります。

　「もったいない」は、自働化（不良ゼロ）とジャストインタイムから簡単に理解できます。つまり、製造ラインと製造工場を最大限に利用するということです。ジャストインタイムは時間厳守に似ていますが、より構造化された工業生産枠組みを指します。ジャストインタイムの考え方が導入される前にまず、時間厳守という文化がなければいけません。ジャストインタイムは、待ち時間や調整時間を省き、調整コストや人的資源の無駄をなくし、効率と生産性を上げることを意味します。

　さらに、自働化（不良ゼロ）では無駄を減らし、生産性・利益性・持続可能性を向上することが重要になります。もちろん、不良ゼロは製造業にとっては理想的な状態です。しかし不良ゼロは、複雑な製造工程や管理運営制度では技術的に不可能です。この不良ゼロというのは完璧な製造活動を意味しますが、関係者が満足するような完璧な製造を行うことは実際不可能です。しかし、その精神と理想が継続的に品質を向上させる主な指標となるのです[4]。

　無益、役に立たない、無意味などを意味する「無駄」は、例えば、「改善」での考え方や工程、実践に関連した制度化された産業廃棄物削減システムを示しています。

境にある東京都の最も古い水処理施設を訪問

TPSでの「もったいない」は、無駄が削ぎ落とされた考え方や工程に関連した「無駄」に結びつけられるでしょう。TPSでの無駄削減は、生産性を上げ、顧客にとっての無価値を減らし、環境持続可能性を促進強化するために幅広い分野で導入されています。顧客にとって価値のある付加価値品は無駄にすべきではありません。消費者が見出す（支払ってもいいと思う）価値は、(1)消費者にとって無価値だけれども安全基準遵守など不可避で消費者にとって必要な無駄、にはあっても、(2)消費者にとって無価値かつ不必要で、しかも隠れコストを生むもので完全に取り除く必要がある無駄、にはないでしょう[5]。

　無駄のない工程やTPSには、系統的に除去すべき無駄が少なくとも7種類あります。下の表に示したように、「TPSの父」と言われる大野耐一氏によると、無駄や廃棄は少なくとも、輸送、在庫、待ち時間、生産過多、作業、工程過多、不良（のちに才能も加えられた）の7つの行為に見られるそうです。例えば輸送において、製造工程に必要ないモノまで一緒に運ばれたりします。同様な無駄は、従業員や設備工程内で必要以上に移動することで発生します。生産過多や工程過多なども、供給過多や在庫過多の可能性を減らすためになくす必要があるでしょう。このように無駄のない工程やTPSは、「もったいない」という考え方に基づいて産業分野に幅広く適用できます。

　1992年に京都に滞在した1か月間、水・排水処理施設や市街地周辺の河川を何度も訪れました。幸いにも、清水芳久先生が同行してくださり、水に関する

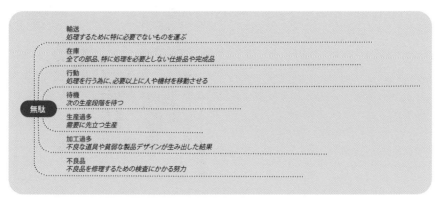

無駄や廃棄は、上記の少なくとも7つの活動項目に整理できます。

設備、湖や貯水池についての長い説明を訳してくれました。清水先生は、その他の説明も熱心に訳してくれ、私の学術的関心への大きな助けとなりました。その結果、日本の水および排水処理関連施設の設計・建設および管理運営に応用できる工学知識を得ることができました。

日本のエンジニアやプランナーは環境施設の建設にあたり、水処理施設や河川改修設備の最終工程において過剰設計や過剰建設などをするような教育は受けていません。どんな施設の設計にしろ、理想的なデザインは、非可動式設備の再利用や再使用、しかも緊急時は可動式仕様に変えられるような設計です。余剰の処理済水は、安全に河川や湖に放流できます。しかし、処理済水の水質は非可動式利用には十分の質を確保しており、河川の支流や琵琶湖の希釈水として使えます。

「もったいない」の趣旨は、水・エネルギー消費や財政において無駄使いをしないという意味です。例えば河川へ放流する処理済水の水質は、可動式水質にはなりません。設計そのものは、必要条件に合わせて作成され、エネルギーや資源の無駄使いはありません。まさに「もったいない」そのものです。

1993年、一か月の滞在中に京都市内の川の支流を散策している際、水質および河川の構造を観察している

境を訪問、東京の最古の水処理施設見学

霞ヶ浦にて、茨城県霞ヶ浦環境科学センター長福島先生、筑波大学辻村教授とともに

日本の環境哲学：ある旅行者の備忘録

　「もったいない」への関心は、日本人の世代を超えて引き継がれています。千年にもわたる日本的思考、アイデンティティや「生きがい」等への批評にも関わらず、「もったいない」は哲学や考え方として幅広く受け入れられています。シニアウェア（Siniawer）（2014）によると、「もったいない」の起源は千年以上の昔に遡るそうです。

　「このエッセイは，無駄についての建前上の言説が，過去の千年の日本の歴史において，どのように明確な価値感、意義や同一性の希求、そして豊かさに関するある特定の概念を構成してきたかについて論じています。しかしMOTTAINAIという考えは、21世紀の日本の日本人にとって、幅広く受け入れられている明確な信念や信条を表現している言葉です。この21世紀の日本は、不安定な経済低迷期、蔓延する無気力感、それでもある意味豊かな日本において生きる意味を模索している、そういう時代かもしれません。[7]」

　「もったいない」が幅広く受け入れられた背景には、新聞や雑誌・歌謡、政府文書などが影響しています。一連のテレビメッセージは、ACジャパンがスポンサーとなり発信しています。実際、環境教育の役割は、幼稚園・学校・大学等の公的教育機関に限られているわけではありません。家族や地域社会、メディアなどが啓蒙的な役割を果たし、社会のあらゆる人々に、「もったいない」の美徳や実践を奨励しています。「もったいないオバケ」は1980年代初頭から人気を博しています。2004年には「もったいないばあさん」という題名の本が、著者の真珠まりこさんにより出版され、広く受け入れられ、多くの人に読まれました。出版初年度は、16万部を売り上げました。「もったいないばあさん」は、杖を振り回し、孫に無駄な習慣をやめるようお説教するおばあさんです。

　「真珠まりこさんがこの本を書いたきっかけは、彼女の4歳の息子さんがお茶碗によそわれた食事を全部食べなければいけない理由をちゃんと理解していない、ということからでした」と、MJIIT教授の後藤雅史先生は、環境にやさしい実践を推し進めるための教育が重要だと説明してくれました。

「もったいないばあさん」の著者、真珠まりこさん

96

　より大きな規模では、「もったいない」精神は、多様な廃棄資源を捉え、再利用できる資源に変えていく技術に反映されています。日本において、「廃棄物エネルギー」「ごみリサイクル」、「ごみ再生」、「ごみ削減」「ごみから富へ」などが社会を構成する要素となりました。廃棄物エネルギーは、日本では30年以上も実践されています。ごみリサイクルは、すでに日本の各地方自治体による家庭ごみ処理管理行政の一部となっています。

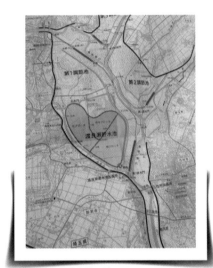

渡良瀬遊水池の計画図

渡良瀬遊水池

渡良瀬遊水池の水門

　さらに日本は、水資源分野でも、集水域内に様々な貯水池や人口湖を造るなど新しい方式を導入しています。2017年に渡良瀬川流域を訪れた際、東京都の上流に位置する渡良瀬遊水池を見学しました。私は筑波大学の甲斐田直子准教授と内海真生准教授に同行し、利根川の支流である渡良瀬川にある設備の規模とその能力を視察することにしました。渡良

渡良瀬遊水池の制御室

瀬川上流には、日光山地近くの足尾銅山がありました。1900年代初頭、渡良瀬川や利根川の住民は、銅山から出る重金属や高濃度の硫化物を含む排水、選鉱クズが原因で汚染が広がっていることに気付いたのです。この汚染を克服するために、政府は東京と足尾の間に位置していた谷中村地区に遊水池を建設するよう指令を出しました。

　それから100年以上が経過した今、この遊水池は、治水と貯水のための安定施設となっています。30キロ四方におよぶ湿地帯の生態系は、観光地としても発展しました。同地の生態系には、今では、何千もの渡り鳥や水鳥、数千種類に及ぶ植物、200種以上の野鳥、数千種の昆虫など、多くの動植物が生息しています。

　今はこの遊水池は基本的には、大雨が降った時の追加的貯水機能を果たしています。渡良瀬遊水池の主要機能は、(1)洪水回避(治水)、(2)貯水、(3)レクリエーション施設、の3つです。これを「もったいない」の視点で考えると、台風などがもたらす大量の雨も無駄にしないで、人々の役に立てることなのです。

　総じて「もったいない」は、食べ物やエネルギー、材料・お金・時間・才能・機会など限りある資源を上手に使うための考え方です。また「もったいない」は、「改善」・ジャストインタイム・デジタル時計・GOT・3Rなど、より生産的・効率的な近代システムや概念、製品、サービスを創造した日本人の文化や情熱を表現する言葉ともいえるでしょう。

1900年代初頭、渡良瀬川と利根川流域の住民は汚染に気付きました。それは銅山での重金属や硫化物を含んだ排水や選鉱クズが原因でした。日本政府は、その汚染を克服すべく足尾と東京との間の流域にある谷中村に遊水池を建設するよう指示したのです。

第八章

日本の環境哲学

「学ぶということに国境はない」

日本の諺

私の日本訪問は、これまでずっととても思い出深い旅でした。1986年以来、日本は私の知識と希望の源になりました。日本は私に、これから探究すべき方向性や考え方を教えてくれました。日本は本当にユニークな国です。また、とても美しく、清潔な国でもあります。国土はきちんと整備・保護され、河川は大切な水資源を湛え、経済効果を生み出しています。森林は動植物の豊かな生態系を保護しています。また人々は総じてとても礼儀正しく、「生きがい」を得て活き活きしています。皆、常に向上心をもって生きているようです。

このように、私は日本を訪れる度に、新しいことを学んできました。学ぶことはまだまだあります。時に、同じ場所を再訪問したり、本を読み返したり、学んだことを思い出す必要もあります。ですから1980年代以降、前に出会った友人に再び会うために、同じ場所を何度も訪れました。彼らはとても誠実に接してくれ、深い友情を育んできました。皆、自らの経験や知識を喜んで話してくれます。また友人は、マレーシアについても、とても関心を持ってくれています。マレーシアに来て見聞きしたことを応用し、その後日本で試してみるようなこともありました。今後、2020年のオリンピックに多くの外国人を迎え入れるための準備として、ハラル仕様の食事やイスラム教徒に必要な環境を整えるために、日本はマレーシアを手本として準備しています。

日本の最高年齢での博士号取得記録を持つ
幡谷祐一博士より寄贈された銅像の前で
（筑波大学）

　2004年、私が国際水協会（IWA）の副会長に選ばれた時以来、日本の仲間は、私の水に関する考え方を高く評価してくれていることが分かりました。私の見方や考え方には、グローバル化における高等教育、自然水質浄化方法や日本の環境に対する考え等が含まれています。端的に言うと、私の考えることはとてもシンプルです。日本は環境の保護管理や持続可能性という意味において、これからグローバル社会に多くの提案ができるはずだ、ということです。日本は、環境管理や政策等の多様な側面において非常に進んでいる国です。すでに工業国となっている他の国と異なり、日本は正しい教育を行い、環境の持続可能性に積極的に取り組むことで人々を啓蒙し、その一方で伝統的価値観や文化に沿える社会を示したのです。しかし、普通の日本人は自らの能力を誇示することを好みません。時にはそれを試みたりはしますが、アメリカ、英国、オーストラリア等他の国々に比べて、「マーケティング力」が弱いという面もあります。

　この本の中では、多くの例を掲げ、日本の環境哲学を「改善」「神」「和」「生きがい」「もったいない」という5つの要素を使って簡単に説明してきました。これらの概念は、本書で十分議論し尽くしてはいませんが、今後さらに説明・探求されていくであろう期待を込めて、あえて簡潔・端的に語るようにしました。また、本書で触れた概念以外にも、Calliott & McRae（2017）にあるように、共生（symbiosis）や共栄（mutual　flourishing）、風土（climate）、神楽（folk dance）、日本庭園の法則である「乞わんに従う」などを日本の環境哲学に含めることもあり得るでしょう[1]。

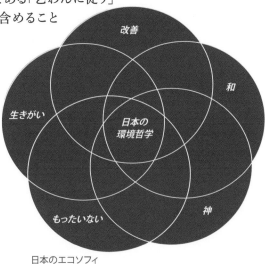

改善: *継続的向上*
和: *調和*
神: *無意識の意識　神様*
もったいない: *無駄を作らない*
生きがい: *生きる意味*

日本のエコソフィ

日本人は調和のとれた身近な
人間関係を大切にします。日本
人は意見の食い違いや摩擦を避け
ようとします。また、日本人は
公的な場所では他人に攻
撃的な行動をとりません。

　しかし、本書での私の目的は、日本人の心や文化を理解し、読者に対して
実践的な内容を伝えることなのです。私の専門や関心、すなわち持続可能な環
境管理を超えたところの様相を解き明かそうとする意図はありません。なぜな
ら、私は1人のエンジニアとして、日本人と文学への関心から、「何が」「なぜ」「ど
のように」に対する答えを見つけようとしているに過ぎないからです。エンジニア
は、教室での講義や読書、討議などから「何が」を学び、同時に「なぜ」を思いめ
ぐらします。そして、価値創造の部分が「どのように」となります。どのようにして清
潔な街を創り、汚染された河川を修復し、どのようにしたら人がごみをきちんとご
み箱に捨て、リサイクルし、焼却炉建設にお金を出し、下水処理場から栄養分
を抽出し、廃棄物管理から富を生みだし、人々の協力を得ながら少ない投資で
カーボンフットプリントを減らすよう人の心を動かすことができるのか?そして、こ
れらを「どのように」して、新幹線並みの速度で、かつ寿司弁当のような求めや
すい値段で実行できるのか?ということです。

　この本のタイトルは「日本の環境哲学」となっていますが、正直に言うと、哲学的な深さには到達していません。本書は、もっと幅広い読者、例えば、政策立案者、環境活動家、そして旅行者の方々に読んでもらいたいのです。本書は、様々な図表、体験談、興味を引く小話などを散りばめており、学術的な問いかけにのみ応じる本とはならないよう意識しました。この本を通して、読者が環境の持続可能性に積極的に考えたり取り組んだりしてくれることを私は望んでいます。実際に行動を起こすことで、「夢見人」から「実践者」へ、「希望するだけの人」から「行動する人」へ、そして「話だけの人」から「本当に動く人」へ変わるのです。

　私の専門分野ならびに環境工学の実践者としての立場から、持続可能性の進歩に関する個人的な考察を表にまとめました。やはり、「改善」は日本の環境哲学において、最も大切な要素だと私は思います。今井正明氏が言うような哲学的考え方としての「改善」は、仕事場・社会・家庭など生活の様々な面において常に向上するべきであると言います。「常に向上する」というのは、ライフスタイル、建築環境、自然生態系はもちろん、財政面、社会面、環境面での持続可能性も含みます。実践哲学としての「改善」は、環境管理を含め、様々な場面においてよりよい状態へと変化するための牽引的役割を果たします。そういう意味で、私は「改善」については2つの章で説明しています。第3章は、日本滞在中

第二次世界大戦後の持続可能性の進歩
ZAINI UJANG (2018)

	持続可能性 1 <1970	持続可能性 2 1970−90	持続可能性 3 1990	持続可能性 4 >2020	日本の 環境哲学
中心項目	公害の歴史	環境管理	環境リスク	カーボン フットプリント	もったいない
成長	成長 対 環境	成長 >> 環境	成長 << 環境	成長 & 環境	改善
統治管理	自覚	規制当局	体系的	ライフスタイル	神
インフラ	経済的牽引	経済成長	社会経済 的な牽引	価値によ る牽引	和
枠組み	末端管理	規制管理	クリーン技術	全体論	生きがい

環境管理政策

環境哲学

持続可能性の中における、日本のエコソフィ

に、多くの訪問先、特に大学において経験あるいは遭遇した「改善」について述べました。第7章では、「もったいない」を基にして、「無駄」について語りました。「改善」することにより、あらゆる状況、どのような経済状況でも成長は生まれます。厳しい経済状況のなかで、「改善」は倹約を促し、資源を消費する際に無駄をできるだけ出さないようにします。また良好な経済状況では、生産性を上げ、利益率を向上させるために新たな投資を促すことになるでしょう。

　「もったいない」は、実践的側面から日本の環境哲学の基になったもう1つの考え方です。日本社会では、お金や水・エネルギー・資材・時間・才能などの資源の浪費を減らし、最終的には無駄を失くす方向に進みます。「もったいない」哲学は、本・コミック本・広告そしてライフスタイルブランドを通して広く知られるようになりました。さらに、「もったいない」は日本において多種多様な持続可能性イニシアティブの核となり、社会全体のありとあらゆる組織が伝統的価値観を基にした活動を行うことを目指します。「もったいない」はまた、循環型社会の枠組みの中で、日本の慣習や行動となってきたものが、今は流行りの考え方となっています。つい最近では、2018年ロシア開催サッカーW杯の日本戦の後、日本のファンたちがサッカースタジアムのごみ拾いをしたことが世界中のメディアで注目されました。実際のところ、教室やオフィス、研究所、スタジアム等の片付けや清掃は、日本の文化ではごく当たり前のことです。

　日本人は、儀式という面では宗教的な国民ではありません。しかし日本人は、日々の生活で宗教的な教えに従い行動しています。彼らは日ごろ様々な宗教、例えば神道・仏教・禅仏教・キリスト教などに接する機会が多くあります。ですから総じて、日本人は宗教の重要な教えは理解しているようです。おそらく日本人は、様々な宗教に接し、複雑な理論説法、宗教的な儀式をあまり必要としないなどのため、宗教的な教えに対してより実践的な方向に行ったのではないで

しょうか。神社仏閣で宗教的儀式を定期的に行う代わりに、清掃や学習・時間厳守・調和・寛大さ・勤労・チームワークなど、日常生活のなかで習慣的に自らの宗教的意識を表現してきたように思えます。組織や人の集まりの側面から考えると、日本人の宗教的意識は、自制心や人工・自然生態系の番人という役割を通し

て実践されているのでしょう。日本人は超自然的な力を「神」と信じ、崇めます。「神」は、持続可能性の枠組みで自制的ガバナンスとして存在しています。また、人々のライフスタイルは神と繋がっており、神は常に人々の習慣・行動・行為、特に環境に対する人間の行為を見ていると信じられています。

日本人は、内と外どちらでも穏やかな人間関係を大切にし、反対意見の表明や争いを避けようとします。日本人が相手に対して、特に公共の場で攻撃的な行動をすることはほとんどありません。「和」もしくは調和の考え方には、3つの側面があります。まず、1つは調和のとれた穏やかな人間関係を職場や地域集団に築き、自然と共存するという側面、2つめは集団の精神や利益に沿うという側面、3つ目は、個人の利益や関心よりも、集団・家族・地域や自然を優先するという側面です。「和」は、日本の地域社会や物理的インフラの基本原則となっています。またこの基本原則において、「和」と人々、生態系そして「神」とのよいバランスを保つために、物理的・経済的面だけを満足するものであってはならないのです。

日本のエコソフィの大きな仕組みの中では、人は「生きがい」もしくは存在の理由を追及しようとします。実際、「生きがい」というのは、自然そのままのあり方と言えます。基本的に「生きがい」には、存在する理由を示唆する4つの要素が考えられます。その4つとは、使命感、熱意、専門性、仕事です。「生きがい」には、この4つの要素が必要です。まず、専門性や仕事を持たず、使命感と熱意だけでは、喜びや充実感はあるでしょうが、物理的な豊かさや生活の豊かさは持てないでしょう。一方、熱意や仕事があったとしても残りの2つがなければ、満足は得られるでしょうが、役立たず感が生じるでしょう。仕事や専門性だけであれば、快適な生活は獲得できるでしょうが、精神的な指針がなく空虚感や方向性が見出せない気持ちになるでしょう。一方、使命感や専門性だけては、興奮や自己満足は得られ

> 知恵は、自ら発見し、会得するものであって、教えられるものではないということを日本人は知っています。

107

るでしょうが、最後には人生で最も好きなことを達成できないのではないかという、不安感が生まれるかもしれません。「生きがい」は、日本人にとって、生き方の方向性や、地域や地球全体の環境持続性をさらに向上させるような意味のある生き方を示してくれるものです。「生きがい」を持つと、人は充実した人生を送るために必要な役割や、やるべきことに気がつき、豊かな人生を築くことができるでしょう。

> 清潔に保つことは、なにも物理的・生態的範囲だけではありません。それは精神や魂のレベルの清浄性も含みます。

　　日本人の心のあり方と複雑性

は、何世紀にもわたり、多くの海外研究者が研究してきました。日本の環境哲学を理解するために、日本人の心は大きく、教育・知恵・規則・宗教・習慣・経験・理想、の7つに区分できると考えてみましょう。これまで私が見てきたこと、日本人との積極的な関わりと幅広い文献から、日本人の心は理解できるし、またそれは教育と知恵に表れていると言えます。日本の教育制度は、知恵・慣習・規則や科学的な知識などを教え込むための文化的組織として機能しています。ほとんどの基本的原則や思考、実践は、学校制度の中で講義や体験を通して正しく伝えられていると思います。日本の教育制度では、宗教は正式な科目ではないし、教育カリキュラムにも含まれていませんが、宗教的に大事な教えは、知恵・価値観・実践のような形で伝えられています。知恵は確かに日本の集団的価値の一部となっています。日本のリーダーシップや、先輩後輩のような指導における考え方は、年長者の持つ知恵を他の人と分かち合う機能も果たしていると言えます。知恵は、発見し会得するもので、教えられるものではないと日本人は理解しています。従って、知恵を容易に発見する方法は、できれば賢い人が率いるグループに所属して会得しようとすることでしょう。所属することで求められるのは、体験的学習です。熟練し習得した者に到達するには、いくつかの段階を経る必要があります。北欧や中国、ロシアと比べると、観念論は日本の心の分野ではあまり重要なものではありません。一言でいうと、日本的観念論は、環境哲学の枠組みではあまり意味を持ちません。

　この本を書くために日本を訪問した際の特筆すべきことは、枝廣淳子氏にお会いしたことです。彼女は、日本社会に現代的エコロジーの考え方とその実践の定着に大きく貢献しました。また、持続可能性に関する素晴らしい書籍に加えて、2000年代初頭からは、ジャパン・サステイナビリティ・フォーラムを通して、持続可能性やグリーンライフスタイルを日本に紹介した方でもあります。話し合いの途中で枝廣氏は、次の3点について注意を促してくれました。まず、日本人は宗教的ではないことです。ですから、宗教的儀式は日本人の間、特に若い世代では、日常的ではないことです。第2に、第2次世界大戦前の日本は、それほど清潔な国ではなかったことです。戦後になって日本は、1960年代に水俣病や大都市の河川汚染といった深刻な公害を経験しました。それでも日本人は、新しい知識や技術を習得し、河川を浄化し、汚染を抑える努力をしてきました。第3に、環境にやさしい行動や習慣をあらゆるレベルですべての国民に広めていかなければならないということです。このような行動は、「改善」と「生きがい」を通じて普及可能でしょう。加えて、環境にやさしい態度や価値観が徳として同時に内在化しなければいけません。

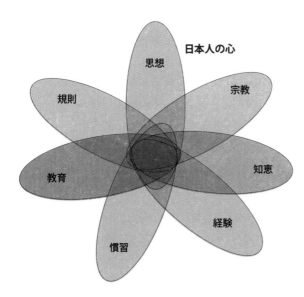

日本人の心

思想　宗教　規則　教育　知恵　経験　慣習

日本人の心は、教育、知恵、規則、思想、宗教、経験、慣習などの要素が相互に関連していることをふまえると、よく理解できる

　伝統・現代両方の教育が、価値観と環境に対する心構えを内在化し、日本の環境への考え方として文化的変革を起こしたのでしょうと言う枝廣氏の意見に私も同意します。その結果、価値観と心構えがDNAに組み込まれ、人々の考

え方に強く残ってきたのでしょう。しかし、環境基準や法律を理解し遵守するには、日本の制度的インセンティブや規制枠組みと合わせて、そうした考え方のうちいくらかは共通化されているのでしょう。このような前向きな考え方は、公共規範であり「神」「もったいない」によってさらに強化される日本人の法遵守の精神や自制心と共鳴するものです。

2018年9月21日、枝廣氏・甲斐田准教授と

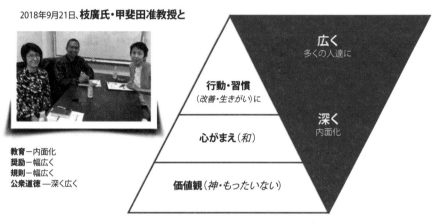

教育－内面化
奨励－幅広く
規則－幅広く
公衆道徳 ―深く広く

広く
多くの人達に

行動・習慣
（改善・生きがい）に

深く
内面化

心がまえ（和）

価値観（神・もったいない）

2018年9月22日、東京にて枝廣淳子氏・甲斐田直子准教授と議論

日本の環境哲学から導き出された10の実践的レッスンとは何か？

1.　日本のエコソフィの内訳は、70%が実践、30%が概念です。ですから、一生かけて体験的に学習する必要があります。まずは、家や学校、モスクに下足箱を置くことから始めましょう。その目的は、生活空間、学習の場、仕事場を汚れや埃から守るのです。皆、自分の周りを清潔に保つよう心掛けることです。

2.　家庭内やオフィス、学校、研究所、工場で朝仕事を始める前に清掃し、「もったいない」を実践しましょう。清掃というのは、物理的環境の側面だけでなく、自らの精神・心の状態も含みます。

3.　ごみ袋をバッグや車の中などに常に備えておきましょう。街頭・河川などでごみを見つけた時は、それを拾ってごみ袋に入れましょう。できれば、地域の公園や海岸などで定期的な清掃活動もしましょう。

4.ペットボトルやレジ袋など使い捨て用品は「要りません」と言い、「もったいない」を実践しましょう。何度も使える水筒やバッグを使うようにしましょう。

5.　オフィスや教室、バス・電車内・スタジアム・公園をきれいに清掃し、整頓することで、「和」を実践しましょう。「和」は、生産的で穏やかであり、清浄な環境を創造するということの意味もあります。

6. 1日1万歩から2万歩、歩きましょう。もしくは、通勤や通学に自転車を使うことで「和」を実践できます。そうすることで、交通渋滞を緩和し、カーボンフットプリントを減らし、環境をよりよく健康的にすることで「和」の考え方を実行に移すことができます。

7. グリーンライフスタイルや循環型経済を奨励し、実行するために生活範囲や職場に、コアグループを作って「生きがい」を実行しましょう。「生きがい」には、使命感・熱意・専門性・仕事の要素があり、それぞれを充実させることができます。気付きを促し、共同社会に生きている感性を呼び起こすように、ソーシャルメディアなどに写真や記事をアップロードして価値観や地域活動を皆と共有しましょう。

8.　　何らかの行動を起こす際、自らを律する気持ちになる日本の「神」を理解してみましょう。イスラム教徒は、「神」ではなく「Ihsan」を思い出してください。Ihsanは誠実と情熱を元にした自制の力を意味します。

9.　　家庭・学校・仕事場での節水節電を心がけることで、「改善」を実行しましょう。目指すのは、年間料金あるいはカーボンフットプリントの10%削減です。それに取り組みながら、全体として「改善」の実践方向と方法を見つけていきましょう。

10.　河川遊歩道や地域の公園、公共トイレ、河川域などの公共の場をよく観察し、清掃ボランティアをすることで「改善」を実践しましょう。「改善」は継続的向上を目指し、環境をより美的に、そして衛生的に向上させます。

日本の環境哲学: ある旅行者の備忘録

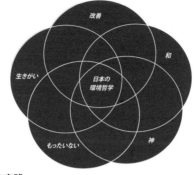

日本の環境哲学

（ある旅行者の備忘録）

改善: 継続的向上
和: 調和
神: 無意識の意識・神
もったいない: 無駄にしない
生きがい: 生きるための理由

日本の環境哲学から学ぶ10の実践

1. 体験的学習：家・モスク・学校に下足箱を置くことから始める。行動を内面化することで学ぶ。
2. もったいない：家・オフィス・学校・研究室等でまず掃除から始める。
3. もったいない：車などにごみ袋を常備する。街路・オフィス・公園等でごみを見つけたら拾う。
4. もったいない：使い捨ての袋やボトルを使わない。出かける時は自分用の水筒を持っていく。
5. 和：会議室・教室・講義室・スタジアム・公園など、使用後は清掃する。掃除してくれる人に感謝する。
6. 和：1日2万歩歩く、あるいは自転車で10km走る。健康的な生活を送り、環境の質を守る。
7. 生きがい：友人、家族に向けてSNSを通して清潔な緑豊かなライフスタイルを奨励する。
8. 生きがい：清潔で緑豊かなライフスタイルの実践を写真等で紹介し、美徳行為を広める。
9. 改善：節水節電に努める。例えば、2019年は20%減らすという目標を立てて、実践方法を模索する。
10. 改善：公衆トイレ・公園・川の支流などをよく観察し、清掃ボランティア活動を始める。

日本の環境哲学は、70%が実践、30%が理念で構成されている。日本人にとっては神が崇める対象であり、イスラム教徒にとってはIhsanである。実践が慣習（無意識）と行動（意識）を生む。この習慣と行動が環境文化を生む。

　日本の環境に関する考え方は、行動や実践が主体で、単なる言葉や知的な励ましではありません。そうすることで実際の行動は習慣となり、行動は受動的ではなく能動的になります。その結果、衛生的で、秩序正しく、幸せな気持ちもたらすという効果をもたらします。

　日本のエコソフィという簡単な道筋をここで示してきました。まず、5つの概念「改善」「もったいない」「和」「神」そして「生きがい」を理解し、それを日常生活で実践し、社会や生態系、環境の持続性に効果をもたらし、最終的には尽きることのない幸福感と人生の充実に到達することを目指します。

　きわめてシンプルに要約してしまいましたが、これは松井三郎先生、枝廣淳子氏の心の持ち方から学んだことなのです。松井先生は、環境工学分野で指導者として世界的に認められてきました。後に先生は、環境の持続性について論文を書き、文化的・宗教的な講話をすることでより哲学的な境地に達しました。

　枝廣淳子氏も同様です。サステイナビリティ・フォーラムから始まり、2018年には幸せ経済社会研究所を立ち上げて新しいことに挑戦しています。■

日本のエコソフィは、単にお話や知的な動機付けというよりは、行動や実行を重要視しています。

後書き

こ の本を書くために費やした時間は、私の考え方やライフスタイルを根本的に変えました。私は、環境のことを真剣に考え、より大きな意味において研究仲間や一般の人々により貢献できるよう、さらなる改善を目指すようになりました。1986年に日本を初めて訪問する前に、友達から日本でぜひ「おしん」を探すよう頼まれたことを覚えています。それは今思えば、日本でしか見つけられない貴重な知識や学びを存分にに吸収して持ち帰ってほしい、という比喩的な言い回しだったのでしょう。

　日本に滞在中は、飲酒から仕事中毒的なスケジュールまで、イスラム教徒として「してはいけないこと」がたくさんあります。イスラム教徒にとって、イスラム教の一神教という考え方は日本社会における「神」や多宗教の概念とは相反するものなのです。私はまた、日本人は絶対的な意味において宗教から遠ざかって

いるということを常に意識していました。1947年に施行された日本国憲法に、宗教的な教義は国家や政治に持ち込まない、と明記されています。

　それでもなお、特に、環境を学び、守ることへの情熱など、日本や日本の人々からは多くのことを学ぶことができます。この本は、日本の環境哲学について私が学んだことのささやかな証しです。

　そしてついに私は日本で、「私だけのおしん」を見つけることができました。その「おしん」とは、日本人を科学的・哲学的に理解するという、計り知れないほどかけがえのない宝のようなものです。■

参考文献

Preface

[1] The terminology 'ecosophy', also interchangeably known as 'deep ecology','environmental ethics' and 'ecological wisdom', is a philosophical approach to the environment focusing on individual actions and beliefs. Arne Naess introduced the concepts of 'ecosophy' and 'eco-philosophy' in 1972: eco-philosophy is a discipline that relate human being to nature; and ecosophy is a personal philosophy, a set of individual beliefs about nature. Naess proposed eco-philosophy as a model for individual ecosophies with special focus on the intrinsic value of nature and the impact of cultural and natural diversity. Refered to Naess, A. (1989), *Ecology, Community and Lifestyle: Outline of an Ecosophy.* Translated and revised by D. Rothenberg. Cambridge: Cambridge University Press.

[2] Kagawa-Fox, M. (2009). T*he Ethics of Japan's Global Environmental Policy.* PhD Thesis, University of Adelaide, Australia.

[3] Callicott J.B. and McRae J. (2017) *Japanese Environmental Philosophy.* London: Oxford University Press.

Chapter 1

[1] 'Japaneseness' or *Nihonjiron* (日本人論) has been widely debated both in Japan and among foreign scholars on Japan with special focus on the uniqueness of Japanese national and cultural identity. "Oshin" drama has been regarded as one of the global penetration of Japanese characters and cultural uniqueness.

[2] *Onsen* is a Japanese public bath using hot water from natural hot springs. In general, *onsen* refers to bathing facilities. In Kansai region, the word *onsen* is always interchangeable with *sento*. In specific *sento* is a commercial communal bathing facility. From social perspective, public bath has significant role through physical proximity which might enhance emotional intimacy. *Sento* also serves as bathing facility since some Japanese people live in a small accommodation without proper bathing facilities.

[3] Yamakuse Y. *Soul of Japan: The Visible Essence* (translated by Cooney M.A.), IBC Publishing, Tokyo, 2012, pp. 100.

[4] Doi, T (1973). *The Anatomy of Dependence.* Tokyo: Kodansha International.

[5] Yazawa Y. (2018). *How to Live Japanese.* London: Quarto Publishing, pp 106–107.

[6] Kakuzo, O (1906). *The Book of Tea.* London: Penguin (originally published in New York: Duffield & Company).

[7] *https://en.wikipedia.org/wiki/Sashimi.* Retrieved on September 7, 2018.

[8] 'Salaryman' is a Japanese expression for white-collar worker.

[9] Vogel E., *Japan As Number One: Lessons for America.* New York: Harper Colophon, 1979.

Chapter 2

[1] Vogel E., *Japan as Number One: Lessons for America,* Tuttle, Tokyo, 1980. pp. 27.

[2] *Ibid.,* pp. 28.

[3] *Ibid.,* pp. 28–29.

[4] *Ibid.,* pp. 27.

[5] *Ibid.,* pp. 158.

[6] Schodt F. *Dreamland Japan: Writings on Modern Manga.* Berkeley, CA: Stone Bridge Press. 1996. pp. 19–20.

[7] Source: *https://www.accu.or.jp/appreb/09/pdf34-1/34-1P003-005.pdf.* Retrieved on November 9, 2018.

[8] Vogel, *op cit.,* pp. 159–160.

[9] Source: *https://en.wikipedia.org/wiki/Hiroshima_Peace_Memorial_Park.* Retrieved on September 12, 2018.

[10] *https://www.tofugu.com/japan/why-do-japanese-people-live-so-long/.* Retrieved on September 12, 2018.

Chapter 3

[1] Imai M., *Kaizen: The Key To Japan's Competitive Success.* New York: McGraw- Hill, 1986.

[2] Professor Kato wrote his doctoral thesis at Cornell University, and many academic articles published in international journal about my village in such as Kato T., *Matriliny and migration: evolving Minangkabau traditions in Indonesia.* Ithaca and London: Cornell University Press, 1982; Kato T., "The Emergence of Abandoned Paddy Fields in Negeri Sembilan, Malaysia". *Southeast Asian Studies,* 32(2): 145–172, 1994; Kato T., When Rubber Came: The Negeri Sembilan Experience. *Southeast Asian Studies,* 29(2): 109–157, 1991.

[3] Minangkabau prominent figures are numerous such as the co-founder of the Republic of Indonesia, Mohammad Hatta, the first President of Singapore, Yusof bin Ishak, and the first Supreme Head of State of Malaysia, Tuanku Abdul Rahman. Among prominent Indonesian scholars are Sutan Takdir Alisjahbana, Hamka, Chairil Anwar and Taufik Ismail.

Chapter 4

[1] The word Emperor in Japanese is *Tennō* (天皇), could be literally defined as 'heavenly sovereign' indicating the role as the head of Shintoism, the traditional religion of Japan.

[2] Jeong Chun Hai @Ibrahim & Nor Fadzlina Nawi. (2012). *Principles of Public Administration: Malaysian Perspectives.* Kuala Lumpur: Pearson.

[3] Details about it could be referred to Graham, P. J. (2007) *Faith and Power in Japanese Buddhist Art.* Honolulu: University of Hawaii Press. 4 Junko Edahiro is also known as the major icon for slow movements in Japan, and promotor to facilitate environmental communicator and dialogue with governments, corporations and citizens. In 2011, she founded the Institute for Studies in Happiness, Economy and Society (ISHES) to rethink on the relationship among happiness, economy, and society and explore better systems and indicators. ISHES engages in many activities, for example, seminars for thinking true happiness in relation with economy and society, and study meetings for developing dialogue skills to co-create even with people in different positions. Refer to website *https://www. ishes. org/en/aboutus/biography.html.* Retrieved on November 20, 2018.

[5] Davies, *opcit.,* pp. 39.

[6] *Ibid.,* pp. 32.

[7] *https://www.merriam-webster.com/dictionary/religion.* Retrieved on November 21, 2018.

[8] D. C. Holtom (1940), "The Meaning of Kami. Chapter I. Japanese Derivations". *Monumenta Nipponica,* Vol. 3, No. 1 (Jan., 1940), pp. 1–27.

[9] *http://www.bbc.co.uk/religion/religions/shinto/beliefs/kami_1.shtml.* Retrieved on November 20, 2018.

[10] *Ibid.*

Chapter 5

[1] Yamakuse Y. (2012). Translated into English by Cooney M.A. *Soul of Japan: The Visible Essence.* Tokyo: IBC Publishing, pp. 114.

[2] The word ki could be spirit, or energy. Ki as a word could be incorporating for feelings (*ki bun*), weather (*ten ki*), energy (*gen ki*), gloom (*kiomo*).

[3] Yamakuse., *op cit.,* pp. 9.

[4] *Ibid.,* pp. 8

[5] *Ibid.,* pp. 38.

[6] *Ibid.*

7 Lorsch, J.W., Srinivasan S., and Durante K. (2012). "Olympus (A)." Harvard Business School Case 413–040 (Revised July 2013.). Available at *https://www. hbs.edu/faculty/Pages/ item.aspx?num=43258*. Retrieved on December 7, 2018.

8 On Japanese predicament and struggle between rigid traditional organisations and irrepressible individuals, refer Miyamoto M. (1994). *Straightjacket Society: An Insider's Irreverent View of Bureaucratic Japan*. Tokyo: Kodasha International.

9 *https://www.britannica.com/art/Japanese-garden*. Retrieved on December 7, 2018.

10 *Ibid.*

11 *https://classroom.synonym.com/what-is-the-meaning-of-color-in-japanese-culture-12081009.html*. Retrieved on December 8, 2018.

12 *https://www.britannica.com/art/Japanese-architecture*. Retrieved on December 10, 2018.

13 *https://www.krt.mlit.go.jp/nikko/index.htm*. Retrieved on December 10, 2018.

14 *Ibid.*

15 *https://www.britannica.com/art/Japanese-architecture*. *op cit.*

16 Chanson H. (2004). "Sabo check dams – mountain protection systems in Japan". *Intl. J. River Basin Management*. Vol. 2, No. 4, pp. 301–307.

17 Adaptation from Yamakuse Y. (2012), *op cit.*

18 Chanson. *op cit.*

Chapter 6

1 Davies, R.J. and Ikeno, O. (2002). "Senpai-Kōhai: Seniority Rules in Japanese Relations". *In The Japanese Mind: Understanding Contemporary Japanese Culture*. Tokyo: Tuttle Publishing.

2 *http://apps.who.int/iris/bitstream/handle/10665/272596/9789241565585-eng. pdf ?ua=1*. Retrieved November 22, 2018.

3 *https://en.wikipedia.org/wiki/Aging_of_Japan#cite_note-Nenkan-2*. Retrieved November 22, 2018.

4 *Ibid.*

5 National Institute of Population and Social Security Research Population Statistics 2010. *http://www.ipss.go.jp/site-ad/index_english/Population%20%20 Statistics.html*. Retrieved November 25, 2018.

[6] Muramatsu N. and Akiyama H. *"Japan: Super-Aging Society Preparing for the Future"*. *The Gerontologist,* Volume 51, Issue 4, 1 August 2011, pp. 425–432. *https://academic.oup. com/gerontologist/article/51/4/425/599276.* Retrieved on November 25, 2018.

[7] *Ibid.*

[8] *Ibid.*

[9] *https://www.nationmaster.com/country-info/stats/Geography/Area/Land/Per- capita.* Retrieved on November 29, 2018.

[10] *https://www.japantimes.co.jp/news/2018/04/18/national/okinawa-village- nations-longest-life-expectancy-third-straight-time-survey-finds/#.W_ tHVi2B0_U.* Retrieved on November 26, 2018.

[11] *https://pogogi.com/japanese-diet-understanding-japanese-food-pyramid.* Retrieved on November 26, 2018.

[12] *Ibid.*

[13] Willcox, B.J., Willcox, D.C., Todoriki, H., Fujiyoshi, A., Yano, K., He, Q., Curb, J.D., Suzuki, M. (October 2007), "Caloric Restriction, the Traditional Okinawan Diet, and Healthy Aging: The Diet of the World's Longest-Lived People and Its Potential Impact on Morbidity and Life Span"(PDF), *Annals of the New York Academy of Sciences,* 1114: pp. 434–455.

[14] Willcox D., Willcox B.J., Todoroki H., Suzuki M. (2009). "The Okinawan Diet: Health Implications of a Low-Calorie, Nutrient-Dense, Antioxidant- Rich Dietary Pattern Low in Glycemic Load". *Journal of the American College of Nutrition,* 28 Suppl (4), pp. 500S-516S. August 2009.

[15] Garcia H. and Miralles F. (2016). *Ikigai: The Japanese Secret to a Long and Happy Life.* London, Penguin Random House, p. 2.

[16] *https:www.google.com.my/amp/s/medium.com/am/p/9871d01992b7.* Retrieved on December 2, 2012.

[17] *Ibid.*

[18] Imamura A.E. (1996). "Introduction", in Imamura A.E. (ed.) (1996), *Re- Imaging Japanese Women.* Berkeley CA: California University Press.

Chapter 7

[1] Siniawer E.M. (2014). "Affluence of the Heart: Wastefulness and the Search for Meaning in Millennial Japan." *The Journal of Asian Studies.* Vol.73, No.1. pp. 165–186.

[2] Sato Y.(2017). "Mottainai: a Japanese sense of anima mundi." *J. Analytical Psychology.* Vol. 62, No.1. pp. 147–154.

[3] *https://www.itochu.co.jp/en/business/ict/project/01.html.* Retrieved on December 10, 2018.

[4] Zero defect is also synonymous with Six Sigma principles by defining zero defects as 3.4 defects per million opportunities (DPMO), allowing for a 1.5-sigma process shift. Refer Pyzdek T. and Keller P. (2014). *The Six Sigma Handbook: The Complete Guide for Greenbelts, Blackbelts, and Managers at All Levels* (Fourth Edicition). New York: McGrawHill.

[5] *https://en.wikipedia.org/wiki/Muda_(Japanese_term).* Retrieved on December 12, 2018.

[6] *Ohno, T. (1988), Toyota Production System: Beyond Large Scale Production,* Productivity Press, Portland, Oregon

[7] Siniawer (2014), *opcit.*

Chapter 8

[1] The most recent literature on Japanese ecosophy could be found in a compilation of academic papers in Callicott JB and McRae J. (Editors) (2017). *Japanese Environmental Philosophy.* New York: Oxford University Press.

筆者略歴

ザイニ・ウジャンは、マレーシアの行政官、環境工学専門家、学者、イノベーター、作家、そして環境保護提唱者です。彼は学者として優秀な業績を築き、マレーシアの国立大学史上最年少である43歳で副学長（日本の学長に相当）になったことから、2009年に名誉あるムルデカ賞を授与されました。マレーシアの主要英文紙ニューストレイツ・タイムズは、2004年の記事で「マレーシアの水のアイコン」と彼を評しました。また、マレーシアの報道機関BERNAMAは2016年に特別インタビューを行い、彼を「環境分野の信奉者」として紹介しています。これらは、環境持続可能性、特に廃棄物・水資源管理、政策方針、技術育成の分野におけるザイニ氏の経営管理、研究、教育や社会活動の実績を示すものです。また彼は、いずれも2013年からインペリアル・カレッジ・ロンドンと筑波大学の客員教授であり、マサチューセッツ工科大学（MIT）の研究員でもあります。

ザイニ氏は2008年9月、自身が1988年に化学工学部を卒業し、2002年に環境工学教授に就任していた、マレーシア工科大学の副学長に任命されました。2013年7月には、ザイニ氏はマレーシア高等教育省の事務次官に任命され

ました。3年間の在任中、ザイニ氏は、マレーシア高等教育ブループリント報告（2016－2025年）作成委員会の委員長を務め、マレーシア高等教育機関に関する財務・管理・研究および質的枠組みに関する数々の電子書籍を取りまとめました。2016年8月には、マレーシアのエネルギー・グリーンテクノロジー・水資源省の事務次官となりました。そして2017-2030年マレーシア・グリーンテクノロジー・マスタープラン（GTMP）作成チームを統率しました。彼の任務は、同省において、エネルギーや水の公共サービスに関する運用性や信頼性、利用性を確実に向上していくための戦略的管理運営を牽引し、グリーンテクノロジーの応用を進めるとともに、グリーンエコノミーやグリーンリビングを促進していくことでした。これに加え、水資源管理に新しい政策を導入し、河道外貯留施設を活用し、下水インフラ設計基準を見直すことにより、貯水池容量の強化等にも貢献してきました。また、エネルギー政策、特に再生可能エネルギーや、エネルギーの安全性、未来のエネルギーに関するビジネスモデルも支援してきました。2020年3月からは、環境省の事務次官に就任しています。

　ザイニ氏は、250以上の技術文献（100以上は国際誌にて発表）、36の著書、30以上の政策文書の共著、多数の学術論文、環境工学に関する技術報告書、1,000以上の環境・開発・高等教育に関する記事を執筆してきました。最新の書籍は、「エコシフト：環境の持続可能性に向けての変革」（英語）です。

Royal Physiographical Society of Lund (Sweden)会員
Academy of Science Malaysia会員
The ASEAN Engineers名誉会員・会員
Institute of Chemical Engineers (FIChemE, United Kingdom)会員
The Institute of Engineers (Malaysia)会員
International Water Association (IWA)会員
The Malaysian Institute of Management会員
Chartered Institute of Water and Environment Management (United Kingdom)会員
Imperial College London名誉客員教授
Newcastle University名誉科学博士（2018）

日本の環境哲学　ある旅行者の備忘録
2021年2月1日　第1刷　発行
著　者　ザイニ・ウジャン
訳　者　河村好美
発行所　公益社団法人日本マレーシア協会
　　　　〒102−0093　東京都千代田区平河町1−1−1
　　　　Tel. 03-3263-0048
発売元　株式会社紀伊國屋書店
　　　　〒153−8504　東京都目黒区下目黒3−7−10
　　　　ホールセール部（営業）Tel. 03-6910-0519
印刷・製本　ITBM (Malaysia)
ISBN　978-4-87738-536-1